物理能量转换 世界

图文并茂，具有趣味性、知识性

TANJIUWEIMIAODESHENGGUANGDIAN

探究微妙的声光电

编著 ◎ 吴波

中国出版集团
现代出版社

图书在版编目（CIP）数据

探究微妙的声光电 / 吴波编著 . —北京：现代出版社，2013.1
（物理能量转换世界）
ISBN 978－7－5143－1038－2

Ⅰ.①探… Ⅱ.①吴… Ⅲ.①声学－青年读物②声学－少年读物③光学－青年读物④光学－少年读物⑤电学－青年读物⑥电学－少年读物 Ⅳ.①O4－49

中国版本图书馆 CIP 数据核字（2012）第 292899 号

探究微妙的声光电

编　　著	吴　波
责任编辑	刘　刚
出版发行	现代出版社
地　　址	北京市安定门外安华里 504 号
邮政编码	100011
电　　话	010－64267325　010－64245264（兼传真）
网　　址	www.xdcbs.com
电子信箱	xiandai@cnpitc.com.cn
印　　刷	固安县云鼎印刷有限公司
开　　本	710mm×1000mm　1/16
印　　张	12
版　　次	2013 年 1 月第 1 版　2021 年 3 月第 3 次印刷
书　　号	ISBN 978－7－5143－1038－2
定　　价	36.00 元

版权所有，翻印必究；未经许可，不得转载

前 言

物理一词最先出自希腊，原意是指自然。古时欧洲人将物理学称作自然哲学，所以从最广泛的意义上来说，物理即是研究大自然现象及规律的学问。到了现在，物理已经发展为一门科学，为工业生产和许多技术的进步、开发和应用提供了重要的理论依据，同时对人类活动的许多领域产生了重大而深远的影响。而物理学本身也逐渐形成了许多分支，主要有：

经典力学：以力和机械运动为研究目标。

光学：是研究光（电磁波）的行为和性质，以及光和物质相互作用的物理学科。传统的光学只研究可见光。

声学：是研究媒质中机械波的产生、传播、接收和效应的科学。媒质包括物质各态（固体、液体和气体等）。机械波就是声波。

热学：是研究物质处于热状态时的有关性质和规律的物理学分支，它起源于人类对冷热现象的探索。冷热现象是人类最早观察和认识的自然现象之一。

电磁学：广义上包含电学和磁学，狭义来说是一门探讨电性与磁性交互关系的学科。

此外还有分子物理学、原子物理学、固体物理学、无线电电子学等诸多分支。

物理学之所以被人们公认为一门重要的科学，不仅仅在于它对客观世界的规律作出了深刻的揭示，还因为它在发展、成长的过程中，形成了一整套独特而卓有成效的思想方法体系。正因为如此，使得物理学当之无愧地成了人类智慧的结晶，文明的瑰宝。

每个人都有好奇心、想象力，而物理这门科学正为人类的好奇心与想象力提供了一个很好的平台和广阔的探索空间。为了让朋友们更好地了解物理世界的微妙，我们编写了《探究微妙的声光电》一书，用浅明的文字讲述人们喜爱的各种物理知识，以期达到帮助读者认识、了解物理学中的更多知识。

本书选取的内容包括：经典力学、光学、声学、热学、电学及磁学等物理学的基本内容。每部分内容都是从基础入手，遵循循序渐进的原则，深入浅出地解说基本的科学原理和最新的物理知识，不再乏味，不再费解，轻松步入神奇有趣、绚丽多姿的科学世界。

另外，本书还配有精美的插图，每小节的知识点和延伸阅读不仅有助于读者朋友加深了解这一小节的知识，更能开阔视野，拓展思路。

当然，由于编者水平有限，书中难免有讹错之处，敬请朋友们批评指正。

走进经典力学的世界

"不和"的孪生兄弟 ······ 1
拔河胜利的玄机 ······ 6
无所不在的阻力 ······ 9
压力与"抗压"妙方 ······ 13
认识惯性 ······ 19
质量和重量一样吗 ······ 22
稳度和重心的关系 ······ 26
力与圆周运动 ······ 31
奇妙的失重现象 ······ 34
用途广泛的表面张力 ······ 38
浮力与密度 ······ 43
单摆运动与计时器的发展 ······ 47

神奇的光

光的折射 ······ 52
阳光的秘密 ······ 56
双折射与折射率 ······ 60
光的反射 ······ 64
光全反射的认识 ······ 67

特殊灯的光学原理 …………………………………… 71
光线能弯曲吗 ……………………………………… 74
肥皂泡中的光学知识 ……………………………… 78
有趣的圆盘衍射 …………………………………… 81
探究"峨眉宝光"的成因 ………………………… 85
显微镜的原理 ……………………………………… 88
为什么在水里看不清东西 ………………………… 92
"负后像"是怎么回事 …………………………… 95
特殊的光——激光 ………………………………… 97
眼睛看到的物体是倒立的吗 ……………………… 101
大有作为的三基色 ………………………………… 104

美妙的声音

"听声辨音"有道理吗 …………………………… 108
音调的奥秘 ………………………………………… 112
共振与音乐 ………………………………………… 115
可怕的声障 ………………………………………… 119
人类的好朋友：超声波 …………………………… 122
功能强大的声呐 …………………………………… 128
前景广阔的次声 …………………………………… 131

热学大视野

热是怎样传导的 …………………………………… 135
冰棍冒"气"的奥秘 ……………………………… 138
颜色与热有什么关系 ……………………………… 141
温度胀缩的妙用 …………………………………… 144
烫不破的茶杯 ……………………………………… 147
冰屋子能住吗 ……………………………………… 150
温度高的水先结冰还是温度低的水先结冰 ……… 152
红外电视——监视火情的哨兵 …………………… 155

电与磁的奥秘

头发为何直立 ··· 158
大自然的放电现象 ··· 162
电流是怎样形成的 ··· 165
导体、绝缘体和半导体 ······································ 167
电流通过导体能做什么 ······································ 170
指南针揭示的奥秘 ··· 173
电磁感应的应用 ·· 177
揭开变压器的面纱 ··· 180

走进经典力学的世界

ZOUJIN JINGDIAN LIXUE DE SHIJIE

经典力学，是研究通常大小的物体在受力下的形变，以及速度远低于光速的运动过程的一门自然科学。

我们这里所指的力，是物质间的一种相互作用，它能够引起物体运动状态的变化。静止和运动状态不变，则意味着各作用力在某种意义上的平衡。状态的改变，则必然有力的作用。因此，经典力学可以说是研究力和机械运动的科学。

经典力学，是物理学、天文学和许多工程学的基础，机械、建筑、航天器和舰船等的合理设计都必须以经典力学为基本依据。在经典力学世界里，有着许许多多的奥妙在等着我们探索。

别犹豫了，马上走进这神奇的经典力学世界去遨游吧！

"不和"的孪生兄弟

我如果问你：汽车向前行驶是谁推动的？你一定会说："靠发动机啊！"不错，发动机可以带动车轮转动，车轮一转汽车便跑起来，这似乎是毫无问题的。

我再问你，如果汽车陷在淤泥或者沙坑里，车轮照样转动为什么汽车却不

向前进呢？轮子不是在转动吗？可见，汽车前进的功劳不能只归功于发动机，还和路面有关系。下面的小实验可以说明这个道理。

找一块大约1米长的三合板，把木板放在水平的桌面上，下边垫上几根圆柱形铅笔，让木板和桌面之间的摩擦力越小越好。再找一辆带电池的玩具小汽车，让它在木板上行驶。当小汽车前进的时候，木板后退了。

如果没有玩具小汽车，也可以用一个线轴和橡皮筋、小木棍（冰棍的木芯就可以）自制一个用橡皮筋作动力的小车轮。用这种线轴车做这个实验，三合板可以改用硬纸板。先旋转小木棍把橡皮筋拧紧，然后放到硬纸板上，注意让木棍一头顶着"地板"，小车就会前进了。

这个实验说明，汽车所以能够前进，和汽车轮胎与地面之间的摩擦力有关系。汽车轮子一转，由于摩擦力的作用，车轮便给了地面一个向后的作用力，这个作用力作用在路面。与此同时，路面也产生了一个反作用力，作用在车轮上，方向向前，使汽车向前运动。淤泥或沙坑不能给车轮以足够的反作用力，所以汽车轮子陷进淤泥或沙坑，汽车便不能前进了。

走路，也是靠地面的反作用力。脚向后蹬的力量越大，人就走得越快。运动场上的短跑运动员在起跑的时候，为了得到较大的反作用力，常使用起跑器，起跑器能给运动员较大的反作用力使运动员像箭一样地冲出去。

力是两个物体间的相互作用。一定要有两个物体相互作用，才有力出现。甲物体作用于乙物体，乙物体也同时作用于甲物体，我们分别称它们为作用力和反作用力。这两个力必定同时出现，谁也不能单独存在，有作用力必定有反作用力。

找两个软木塞，再找一根铁针和一只磁针，把磁针和铁针分别插在软木塞上，让它们同时浮在水面上，叫磁针去吸铁针。结果怎样呢？不仅铁针在向磁针靠拢，磁针也同时向铁针靠拢。可见铁针也在吸引磁针。

你也许会说浮力没有反作用力，下面的几个实验会使你确信，浮力也有反作用力。

在天平的左盘上放上一杯水，杯外放一块木头鱼（或一个木块）。天平的右盘上放上合适的砝码，使天平恰好平衡。想一想，如果把木头鱼放进杯子里，天平是不是还平衡？

在做这个实验之前，有的同学会认为，天平不再平衡了，木鱼在水中要受到水给它的浮力，鱼的重量被浮力抵消了，不再压在天平的盘上了，放砝码的盘子要下降。也有的同学会认为，天平仍然应当是平衡的，因为把木鱼放进水

杯前后，左盘内的总重量没变。

到底哪种说法对呢？你不妨试一试。

实验的结果你会发现，把木鱼放到杯子里以后，天平仍然是平衡的。

那么，是不是后一种说法对呢？其实，后一种说法只说对了结果，而没有把理由说完全。木鱼漂在水里是因为受到浮力，木鱼的重量确实是被浮力抵消了。问题是，木鱼受到浮力作用的同时会对水产生一个反作用力，这就是浮力的反作用力。它的大小和木鱼的重量相等，压在水上，水又把这个力传给天平，因此，前后两次天平左盘受到向下的力没有变化。这说明，浮力也有反作用力。我们再做一个实验。

把一个重物用绳子拴好，然后用手捏着绳子头放到平衡好的天平左盘的水杯里，重物不要碰着杯底。原来平衡的天平居然不平衡了。

令人费解的是，手始终是提着重物的。为什么天平还失去平衡呢？看来，这不是重力引起的。经过一番思索，你会想出，是浮力的反作用力使天平失去平衡。

再做一个实验：

在天平两边的盘子里各放一杯水，天平正好平衡。现在有质量相同的铜块和铁块，用线拴好后用手捏着绳子头，把它们分别浸没在两杯水中，但都不放到杯底，问天平是否平衡？

甲同学认为："天平还是平衡的，因为两边的总重量都相等。"

乙同学认为："天平不平衡了，因为铜的密度比铁大，所以同样质量的铁块比铜块体积大，浸没在水里，铁受的浮力大，因此它给水的反作用力也大，所以铁那边应当下降。"

实验的结果，也证实了铁块那边将下降。乙同学说对了，可以看出，浮力确实有反作用力。

从这里，我们可以看出，作用力和反作用力总是成对出现，就好像是一对孪生兄弟一样。它俩一同产生，一同消失，绝不能单独存在。

作用力和反作用力亲密无间，宛如一对孪生兄弟，但偏偏又是两个对头。

首先，作用力和反作用力总是分别作用在两个物体上，不住在一起。你看：磁铁吸铁的作用力作用在铁块上，而铁吸磁铁的反作用力则作用在磁铁上；在碗边磕鸡蛋的时候，鸡蛋的作用力作用在瓷碗边上，瓷碗边的反作用力作用在鸡蛋壳上；水的浮力作用在木块上，木块的反作用力作用在水中。

其次，作用力和反作用力的方向总是相反的。磁针对铁针的作用力和铁针对磁针的反作用力方向相反,因此两个软木塞相向运动;作用在浮体上的浮力是向上的,而浮体对水的反作用力则是向下的,方向也相反。

1687年,牛顿总结了作用力和反作用力的规律,指出:作用力和反作用力大小相等,方向相反,它们同时产生又分别作用在两个物体上。这就是牛顿第三定律。

火箭就是应用这个原理研制的。

最早的火箭是我国发明的。早在公元10世纪的北宋初年,"火箭"就被用作武器。这种"火箭"当然非常简单,它不过是在箭杆上拴了一个"起火"。到了明代,我国已经能制造射程300步远的火箭,不过这种火箭命中率不高,只能起吓唬人的作用。

1275年,有个意大利人马可·波罗来到中国,才把火箭的知识传到西方。当时的阿拉伯人就管火箭叫"中国箭"。

发射宇宙飞船的现代火箭虽然构造复杂,体积庞大,高耸入云,但是它的基本原理和古老的中国火箭是一样的。

反作用力有时也会给人带来麻烦。例如步枪的"后坐力"就是对射手有害的反作用力。当子弹从枪口射出的时候,它的反作用力必定作用在枪筒上,而且方向相反。这样,射手的肩膀就会受到冲击。至于大炮的后坐力,当然比步枪大得多。

有没有办法抵消大炮的后坐力呢?15世纪,著名的大艺术家达·芬奇想了个办法,他建议人们把两门相同的大炮,炮尾顶着炮尾,同时向相反的方向射击,这样,两炮的后坐力也就相互抵消了。这种"双头炮"当然没有人去制造,因为,谁也不愿意在向敌人开炮的同时轰击自己的后方。

达·芬奇的幻想虽然不切实际,却使武器专家们得到了启发:发射炮弹所产生的后坐力,可以用同时向后抛射一些东西的方法来抵消。现代的无后坐力炮就是利用这个原理制成的,这种炮一面向前发射炮弹的同时,一面向后喷射火药产生的气体,这样,后坐力就抵消了。在第二次世界大战中,不少士兵肩扛着无后坐力炮击毁了敌军的坦克。

无后坐力炮是不是真正消灭了炮弹出膛的反作用力呢?当然不是,反作用力是不能消灭的。无后坐力炮并不是消灭了反作用力,而是又增加了一对作用力和反作用力,使两个作用在炮膛上的反作用力互相抵消了。

知识点

无后坐力炮

无后坐力炮是发射炮弹时炮身不后坐的火炮，主要用于直瞄打击装甲目标，压制、歼击有生力量的火器，在反坦克战史上曾立下了汗马功劳。第一次世界大战期间，美国人戴维斯利用配重物平衡发射原理，发明了无后坐力炮。第二次世界大战期间和20世纪50年代，无后坐力炮蓬勃发展，充满生机，各国军队装备数量很大，是当时主要的反坦克武器之一。进入20世纪70年代以后，由于装甲技术的发展和反坦克导弹的装备，无后坐力炮的地位和作用日渐衰落。

无后坐力炮的装填方式非常类似于传统火炮。但是在开火时，发射药产生的气体中有相当一部分从火炮的后方喷出，从而产生一个接近于推动炮弹前进动量的反向动量。从而使得火炮本身几乎不产生后坐力（当然发射时仍旧产生一定的后坐力）。这样就使得无后坐力炮不需要常规火炮所需的后坐缓冲装置，使无后坐力炮变得很轻便且易于使用。因此步兵也可以使用无后坐力炮发射大口径的炮弹。

达·芬奇

列奥纳多·达·芬奇（1452－1519），意大利文艺复兴三杰之一，也是整个欧洲文艺复兴时期最完美的代表。他是一位思想深邃，学识渊博、多才多艺的画家、寓言家、雕塑家、发明家、哲学家、音乐家、医学家、生物学家、地理学家、建筑工程师和军事工程师。他是一位天才，他一面热心于艺术创作和理论研究，研究如何用线条与立体造型去表现形体的各种问题；另一方面他也同时研究自然科学，为了真实感人的艺术形象，他广泛地研究与绘画有关的光学、数学、地质学、生物学等多种学科。他的艺术实践和科学探索精神对后代产生了重大而深远的影响。

拔河胜利的玄机

在运动场上，甲乙两队运动员正在进行拔河比赛。双方队员尽力拉，两边的指挥用力挥旗，观众也大声呼喊："加油！加油！"经过一场激烈的拉锯战，甲队终于获胜。人们纷纷向甲队祝贺，还有人竖起了大拇指："还是甲队队员力气大！"

在拔河比赛中，取胜的一方是因为力气大吗？

回答这个问题之前，我们先做个实验：找两个弹簧秤，把两个秤钩互相勾挂起来，请甲乙二人各拉一个弹簧秤。这时，仔细观察两个弹簧秤的读数，你会发现，尽管甲乙两方拉来拉去，各有胜负，但是两个弹簧秤上的读数总是相等的，取胜的一方绝不比失败的一方读数大。如果甲不用力，只让乙用力拉，两个弹簧秤的读数也仍然是相等的。

这说明，在拔河比赛中，甲队拉乙队的力和乙队拉甲队的力是一对大小相等、方向相反的力。那么，为什么会有一方能取胜呢？取胜的秘密是什么呢？

假设让甲队队员都穿上旱冰鞋，乙队队员穿鞋底粗糙的轮胎底鞋，那么取胜的便不再是甲方。甲队队员不管使多大力气，结果都会被乙方拉过去。

可见，决定拔河胜负的并不是双方向后拉的力，而和脚下的摩擦力密切相关。拔河的时候，只要努力加大脚和地面的摩

拔　河

擦力，同时不要被对方向前拉倒，就不会被对方拉过去。这就需要用力蹬住地面，身体向后倾倒。由于人的体重越大，和地面的摩擦力越大，因此拔河比赛总要找体重大的人参加，运动员也总爱穿鞋底粗糙的鞋。

因为拔河比赛不能真正比出谁的力气大，所以正式体育比赛项目没有拔河，拔河只能成为一项游戏性的体育活动。

实际上，除了拔河，摩擦现象到处可见，它常给人们带来烦恼：鞋底磨破，衣服变旧，自行车、手表损坏。有人统计，每个人需要把一半左右的收入补偿在多种多样的磨损上。

多少年来，摩擦一面与人类为友，造福人类，一面又时刻在消耗人力、物力和财力。特别是工业品，摩擦更是它们的质量和寿命的大敌。据说，美国海军飞机飞行1小时，其磨损费比燃料费还要高。在恶劣的环境中，摩擦造成的机器失灵、零件损坏等现象更是屡见不鲜。

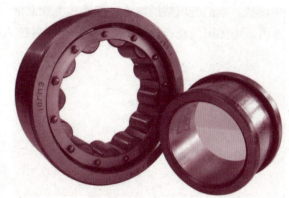

轴　承

随着科学技术的进步，现代机械产品向着高速、重载和高温的方向发展，摩擦问题越来越突出，逐渐成为人类研究的重要课题。这样，在人类同摩擦斗争的过程中，就出现了一门新兴的边缘学科——摩擦学。

通俗地说，摩擦学是研究两个物体表面摩擦、磨损和润滑三方面相互关联的科学和技术的总称。两个物体的接触面的物质不断损失，发生一系列物理、化学和力学等变化。

摩擦学就是通过研究物体摩擦表面的变化，提出相应的技术措施，减少或消除不必要的材料和能量损失，设计出各种新型的机械产品和润滑产品。因此，摩擦学是涉及数学、力学、物理学、化学、冶金学、机械工程、材料科学和石油化工等多种学科领域的一门综合性的边缘学科。

摩擦学的研究对象极为广泛，包括典型摩擦件的设计，如轴承、齿轮、涡轮、密封件、离合器等，摩擦件材料和表面处理技术的选用，还包括各种润滑材料和润滑技术的选择，对机器磨损事故分析、磨损监测和预报等。

现在，摩擦学的研究已经涉及到了人类关节的运动和心脏瓣膜的开闭，形成了生物摩擦学和摩擦心理学等分支。最近,有人根据地壳移动学说,联系到山、海和断层的形成,认为火山爆发、地震的发生也同摩擦学有关。这就是所说的"地质摩擦学"。

摩擦学作为一门应用性的技术学科,具有很大的经济价值。世界能源总量的大约1/3最终表现为某种形式的摩擦而被消耗。若能减少一些摩擦,就可节约大量能源。

近年来,各工业发达国家都非常重视研究和开发摩擦学,调查本国的摩擦学现状。他们得出共同结论:如能在工业上推广运用摩擦学的现有知识,差不多可以增加国民总产值的1%,这是个非常惊人的数字。

知识点

弹簧秤

弹簧秤又叫弹簧测力计,是一种用来测量力的大小的工具。弹簧秤是一种利用弹簧的形变与所受外力成正比的关系制成的测量作用力大小的装置。

弹簧秤分压力和拉力两种类型,压力弹簧秤的托盘承受的压力等于物体的重力,秤盘指针旋转的角度指示所受压力的数值。拉力弹簧秤的下端和一个钩子连在一起(这个钩子是与弹簧下端连在一起的),弹簧的上端固定在外壳顶的环上。将被测物挂在钩上,弹簧即伸长,而固定在弹簧上的指针随之下降。由于在弹性限度内,弹簧的伸长与所受之外力成正比,因此作用力的大小或物体重力可从弹簧秤的指针指示的外壳上的标度数值直接读出。

延伸阅读

摩擦的分类

静摩擦:两个互相接触的物体,当它们要发生相对运动(即有相对运动趋势）时，在它们的接触面上产生的摩擦叫静摩擦。

如向左推桌子时，在没加推力时，如果没有摩擦力，则物体要向右运动，所以物体有一个向右的运动趋势，所以物体会受到一个向左的静摩擦力的作用，阻碍它的这种趋势。

又如，传递带把货物往上运的过程中，如果没有摩擦，则货物要沿斜面下滑，所以物体有沿斜面下滑的趋势，所以传送带给了货物一个沿斜面向上的静摩擦力的作用，以阻碍货物向下滑的运动趋势。

滑动摩擦：当两个物体间有相对滑动时，物体间产生的摩擦叫滑动摩擦。如桌子在地上滑动时，桌子和地面间有滑动摩擦；人滑冰时，冰刀和冰面之间有滑动摩擦。

滚动摩擦：物体间发生相对滚动时所产生的摩擦叫滚动摩擦。如小球在地上滚动时产生的摩擦等。

无所不在的阻力

冬天，在一些城市，一场大雪之后，汽车站附近的马路上为什么呈现深灰色？原来，那里撒了薄薄一层炉灰渣。

炉灰渣的作用是很明显的。没有它，行驶的汽车就很难停住；没有它，停住的汽车也很难开走。炉灰渣为什么会有这个作用？

找一个玻璃球或者金属球，用一本硬皮书或者一块光滑的硬板（比如你写字用的垫板）搭成斜坡，把小球轻轻放在斜坡顶端，小球就会自动滚下来，并且在光滑的桌上滚动一段距离，最后停止下来；现在在斜坡下边铺上一层粗糙的布，再做这个实验，那么，小球滚不了多远就停下来了。

这个实验说明，在两个物体之间，摩擦力的大小和接触面的光滑程度有关系——表面光滑，摩擦力往往要小些；表面粗糙，摩擦力则要大些。

在需要加大摩擦力的地方，我们应该让表面变得粗糙，雪地上的炉灰渣起的正是这个作用，轮胎和鞋底上凹凸不平的花纹起的也是这个作用，玻璃黑板上用毛玻璃，正是由于它的表面凹凸不平，才有一定的摩擦力，人们在它上面写字，才能留下粉笔字迹来。

同样，在不需要摩擦的地方，我们总要让物体的表面变得光滑。

我们再做一个摩擦实验。

找一根细铁丝和一块冰。把冰块固定,用两手拉着铁丝在冰上像拉锯似的来回锯,一会儿的工夫,铁丝从冰块的一端切进去,又从另一端脱出来。

铁丝没有齿,为什么能切进冰块呢?原来,铁丝和冰的摩擦在这里起着重要的作用。摩擦力产生的热量,使冰块在被切割的地方融化成水,因而铁丝能在冰块中缓慢地移动。

摩擦生热在人类的历史上立过大功。50多万年前的北京猿人已经学会了用火。那时的火是从森林中取来的。雷电击中了森林中的干枯树木,引起大火。但是这种机会不是常有的,原始人为了保存火种,只好派人守着火堆,不断地往火堆里添木柴。后来,经过许多人的研究,才发明了钻木取火和敲石取火的方法。

人类创造了取火的方法,进入了一个新的时代。就是在现代,火柴头也要靠摩擦生了热才能引燃,打火机也是靠火石摩擦后打出火星才能引燃,我们还应用着钻木取火的原理。

利用摩擦生热的原理不仅能切开冰块,还可以切开各种坚硬的东西。摩擦产生的高温,能使被摩擦的部分熔化或者变软,直至切断。这个道理在工程和军事上都有应用。

有的工厂里安装着一种切割钢材的无齿圆锯片,这种圆锯片不仅没有齿,而且是用比较柔软的钢片制造的,它的下边有个水槽(有时还可以在铝片的一侧安上一个喷水管,自动向锯片喷水)。切割钢材的时候,锯片以很高的速度旋转,一块44厘米长、8毫米厚的钢材,只要2分钟就被锯开了。

你也许会问,锯片和工件剧烈摩擦,锯片也会因为受热而变软,这怎么办呢?有办法!用水来冷却锯片,流动的水随时把锯片上的热带走,使锯片的温度不会太高,因而不会变软。而钢材却没有冷却条件,所以没有齿的锯就能"削铁如泥"了。

工件不动,锯片旋转,这是无齿锯的一个重要特点。在锯片和工件发生摩擦的时候,除了发热以外,两者接触的部分照理还应该发生折断或扭曲,产生磨损,但是实际上锯片磨损得很慢,这是因为,锯片是旋转着的,它和工件的接触点分散在整个圆周上边,而工件和锯片的接触点则是固定的,因此工件磨损的机会就比锯片多得多。

同时还因为,锯片是比较柔软的钢片,不容易折断,扭曲变形以后还能恢复原状。而工件一般是硬而脆的,容易被磨损。这就是锯片能够"以柔克刚"的秘密。

利用摩擦不但能锯断金属，而且还可以焊接金属。铜和铝的焊接曾经是个难题，人们就是利用摩擦生热的原理来解决的：让电机带动铜件快速旋转，再让不旋转的铝件在强大的压力下顶住旋转的铜件，铜铝的摩擦面便产生高温，在高温下两种金属的接触

无齿锯

面都变软了，金属分子互相渗透，重新结合起来，等到冷却以后，这两种金属就会变成难解难分的整体。摩擦生热在这个过程中起着主要作用。

摩擦生热能给人带来好处，但它在很多场合也会给人类带来麻烦。例如摩擦会使机器发热，白白消耗动力，还会使机件磨损、变形。在这种情况下，人们就要克服那些有害摩擦力并且想办法散热了。

轮船在大海里航行，它要克服的是船体和水之间的湿摩擦，不过，即使是湿摩擦，船的航行也并不轻松。在水面拖轮拖着驳船在平静的水面上航行，拖轮用力拉着驳船，但驳船好像不愿意走，把钢丝绳绷得紧紧的。是谁阻挡着驳船前进呢？仅仅是湿摩擦力吗？下面的实验可以帮助我们找到其中的原因。

找一根筷子和一个火柴盒，把筷子插到火柴盒里，再点上一支香。请你用一只手把火柴盒举起来，另一只手拿起那支点燃着的香，香要放在火柴盒的前边。如果屋子里没有风，香冒出的烟柱是竖直向上的，这时候，你用嘴向着火柴盒吹出一股气流，使你惊异的是香冒出来的烟柱居然迎着气流的方向，向着火柴盒的背后飘来了。这是怎么回事呢？

烟柱向火柴盒的背后飘，说明火柴盒背后的气体压强比较小，因而，周围的气体就向那里涌过去，烟柱也跟着飘过去了。用物理学来解释，就是火柴盒背后形成了一个涡旋。

如果你用比较小的力气吹，吹出的气流速度很小，烟柱就不向火柴盒后边飘。只有用力吹气才会出现这种现象。这又说明一定速度的气流才能形成涡旋。

运动是相对的。气流吹到火柴盒上和火柴盒在空气里运动性质上是一样的。一个大方盒式的"面包车"在空气中快速行驶，它的背后便会形成涡旋，弄得尘土飞扬。

为什么会产生涡旋呢？

当物体快速运动的时候，它前面的空气不能及时地绕到后面，使物体后边暂时出现了一个接近真空的区域，这个区域出现，四周的空气便要争先恐后地跑来填补，这样便形成了涡旋。

有涡旋的地方空气压强小，因此，对于运动着的物体来说，前面受到的压强远远大于后边涡旋处的压强，这正像车子前边有个大力士向后推，后边却是个小孩子向前推一样，合起来形成了一个向后的力，这个力和涡旋有关，我们管它叫涡旋阻力。

总之，运动的物体它所受到的阻力包括摩擦阻力和涡旋阻力。

知识点

钻木取火

钻木取火是根据摩擦生热的原理产生的。木原料的本身较为粗糙，在摩擦时，摩擦力较大会产生热量，加之木材本身就是易燃物，所以就会生出火来。钻木取火的发明来源于我国古时的神话传说。燧人氏是传说中发明钻木取火的人。

人工取火是一个了不起的发明。从那时起，人们就随时可以吃到烧熟的东西，而且食物的品种也增加了。据说，燧人氏还教人捕鱼。原来像鱼、鳖、蚌、蛤一类东西，生的有腥臊味不好吃，有了取火办法，就可以烧熟来吃了。

延伸阅读

有用的阻力

说阻力无用，似乎是理所当然。说阻力有用，人们就会疑惑顿生了。这是因为无用的阻力为人们所熟知，有用的阻力往往没有引起人们的注意。

水的阻力阻碍游泳运动员游进等等。但是你可曾想过，游泳时如果没有手臂向后划行克服水的阻力而产生的反作用力,运动员就不能前进;跑步时如果不是脚蹬地面克服阻力,则地面推人向前的反作用力也无从产生;跳水运动员入水后如果不是受到水的阻力和浮力,就会一沉到底,后果莫测。

有些运动员克服阻力还是他的目的。如克服杠铃重量正是举重运动员所追求的;拉开拉力器的弹簧,是提高肌肉力量者的心愿;至于拔河,实际上是一场克服阻力的比赛。

在我们所克服的阻力中,物理学上把它分为两类:弹力和重力,亦被称为保守力,因为克服弹力和重力做功,会把其他形式的能转变为弹性势能或重力势能"储存"起来。

比如,射箭运动员拉满弓时,他克服了弓的弹力做功,使弓的弹性势能大大增加;当手一松开,弹力就对箭做功,使箭获得动能而离弦飞出。

又如,体操运动员在单杠上做大回环向上转动时,就要克服重力做功,增加人体的重力势能;向下转动时,重力势能就发挥作用,使身体迅速转动。一般说来,向上回环时重心离杠越远(如呈手倒立姿势),效果越好。

还有另外一种阻力,如摩擦阻力和媒质阻力,克服这些力后功都转变为热能而损耗掉,并没有储存起来。也就是说,"摩擦势能"是不存在的。不过,发热并非都没有用,如雪与雪板之间的摩擦热会使冰融化,形成数微米厚度的水膜,起润滑作用,于是运动员才能滑行如飞。

压力与"抗压"妙方

有这样一个现象:牛车走在又松又软的土地上,牛蹄和车轮都陷得很深,走起来很吃劲。而一台翻地的又笨又重的履带拖拉机,行驶在同样松软的地里,却和在公路上一样,行走自如,并没有陷进去。

为什么重量小的牛车陷进土里,而重量大的拖拉机却没有陷进去,这是什么缘故?为了揭开这个秘密,我们来做一个实验。

找两块大小一样的硬纸板。在其中一块板(设为A)上钉进4根长钉,在另一块板(设为B)上按照横竖相等的方格钉进40根同样的长钉,并且在钉帽的那一面粘上一层厚纸板,不让钉子向后滑。

找一盘沙子,把沙盘表面弄平整,把A板的4条"腿"向下,放在沙盘上,并在A板上放一个重物,你会发现它的4条腿全陷进了沙子。

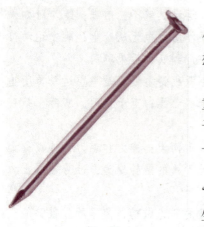

钉　子

再把B板放在沙盘上，放上同样的重物，你会发现这40条腿并没有陷进去多少。想一想，A板为什么陷得比较深呢？

这原因不是别的，A板只有4条"腿"，重物压到它上面，全部重量都集中到4根钉子的尖上，小小的钉尖上集中了较大压力，一下子就扎进了软软的沙盘。

B板的情况则大不相同，它有40条"腿"，每条腿都要分担一些压力，重物所产生的压力分到每个钉子上，就没有多少了。虽然钉子头还是尖尖的，由于压力变小，也就不会陷得深了。

可见，压力分布的情况不同，产生的效果就很不同。

为了比较压力分布的情况，我们管单位面积上的压力叫做压强。压力越集中，单位面积上的压力就越大，压强也就越大；反过来，压力越分散，压强也就越小。

比牛车重得多的拖拉机，不会陷进松软的土地，就是因为它的履带和土地接触的面积比牛车车轮大得多，它的压强小。

有的时候我们需要较大的压强，怎么办？缩小受力面积，使压力集中起来便是个办法。

远古时代，人们就知道利用这个原理了：50万年前的北京猿人就用石英岩打制了各种尖状石器。170多万年前我国云南省元谋地区的"元谋人"也制造过简单的石器。直到现代，各种针、刀、斧、钉都在利用缩小受力面积的方法来加大压强。

人们总希望用最少的瓦盖出最牢固的房子，用最少的材料架成最坚固的桥梁。怎样才能使材料经受得住较大的压力呢？下边这个实验，可以给我们以启示。

裁下一条图画纸，且一只手捏着它的一端，纸条另一端会垂下去，连自己本身的重量都支承不了。

现在我们只要把这软弱的纸条折成"V"字形或"L"字形，它便挺直了腰板。不仅能负担起自身的重量，还能挑起两盒火柴。

这说明，同一张纸条，能够承受多大重量，跟它的形状很有关系。

物体的形状影响着它能承受的外力,这是一条重要的力学原理。

这个道理同样适用于钢铁。你看,工地上的塔式起重机、油田上的钻探井架、工厂的桁架……它们上边的钢材不都是"V"形或"L"形吗?这"折起来的钢铁"就是大力士的骨骼——角钢。

把两个"L"形钢材组合在一起,可以成为口形钢材,这就是槽钢。槽钢更是个硬骨头,巨大的铁桥,汽车、拖拉机和一些机器的底架都离不开它。

火车车轮下的钢轨要承受巨大的压力,它是工字型的。火车很重,钢轨的顶面必须有一定的宽度和厚度来承受压力;为了使钢轨稳定,钢轨的底面也应当有一定的宽度;另外火车的铁轮上还有一个伸长的边,为了让带边的车轮能正常转动,钢轨还应当有一定的高度。只有工字型钢材能满足这三个条件,而且最节省材料。

其实,工字钢也是"折"起来的钢铁,把两个"凵"形的槽钢背对背组合在一起,不就是工字钢吗?

还有一种丁字钢,又叫T型钢。我们也可以把它看成是两个角钢背对背结合到一起的。

除了上面说的几种形状,还有一种形状能加强物体自身的承受力。

让我们再做个实验。

把纸条搭在两摞书中间,它的中部便会弯下去,显得软弱无力。如果把它弯成弧形,卡在两摞书之间,它也可以驮起一盒火柴。

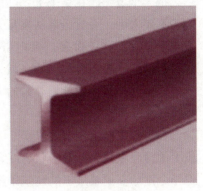

工字钢

拱起了腰的纸条可以驮起一盒火柴,这说明,向上拱起的物体最能承受外来的压力。

我们的祖先很早就发现了拱形物体的这一性质,并且把它运用到建筑上去,各地发掘的东汉古墓,多数有"拱"式结构,可见一千几百年前我国的筑拱技术已经相当普及了。

现存的最古老的石拱桥是我国的赵州桥。赵州桥是隋朝石匠李春设计建造的,自公元616年建成,到现在已经有1400年的历史了。这座石桥横跨在河北赵县城南洨河上,有着一个弧形的桥洞,犹如跨在河上的长虹。在漫长的岁月里,赵州桥经受了地震的摇撼,洪水的冲击,车马的压轧,仍然屹立在洨河之上。

赵州桥不但有个弧形的大拱，而且在桥肩有4个小拱。当山洪暴发时，小拱可以把洪水泄走。赵州桥坚固的秘密正在拱上。

近年来，我国科技人员和工人继承并发展了拱桥建筑的传统，创造了双曲拱桥。

双曲拱桥的外形同一般的空腹式拱桥好像并没有什么区别。但是你如果走到桥下一看，就会发现它的"肚皮"是凹的，好像是由几条自行车的挡泥板拼起来的，真是拱中有拱。这种桥的优点是：造价低、载重负荷大、施工方便、节省材料。宏伟的南京长江大桥的公路引桥便是这种双曲拱桥。

鸡蛋的形状也有学问，我们用一只手很难把鸡蛋攥碎，可是，刚出生的小鸡，却可以啄破蛋壳。这是为什么呢？让我们来做个实验。

把半个蛋壳放在桌子上，凸面向上，然后用一支铅笔来戳它。这支铅笔的笔尖不要太尖，手拿铅笔从离蛋壳5~10厘米的高处，让铅笔自由落下。你会发现蛋壳并没有被戳破。再把蛋壳翻过来，让它凹面向上，下边垫一个小酒杯，再用同样的高度和办法一戳，你会惊奇地发现蛋壳竟然破碎了。

这说明，凸曲面能把外来的力沿着曲面均匀地分散开，虽然它很薄，也受得住较大的压力。

如果把屋顶也做成"蛋壳"形状，不是可以省下大批材料吗？这就是建筑上的薄壳屋顶，它的形状有好多种。有的如同蛋壳，有的好似乌龟壳，有的像半个皮球……城市里的建筑采用多种多样的薄壳，就会显得更加丰富多彩。

那么，能不能造个"乌龟壳"来作为建筑物的基础呢？大家知道，盖房子，竖铁塔，都要先打基础，这些基础通常是钢筋混凝土结构。如果在地下修一个拱形的乌龟壳来代替它，不是可以省下大批材料吗？早在多年前便有人提出了"薄壳基础"的设想，直到近些年才实现。

常用的一种薄壳基础，很像一个倒扣在地下的大碗。这个薄薄的大碗虽然支撑着高大的铁塔或烟囱，却能把它所承受的巨大压力传到下面的土壤

鸡 蛋

中去。采用这种薄壳基础，要比实心基础节约混凝土 30%~50%，还可以节约大批钢材。

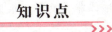
知识点

大气压力发展史

为了证明大气有压力存在，以及测定大气压强到底有多大，科学家们花费了大量的精力。

著名的科学家伽利略，虽然发现了抽水唧筒不能把水吸到高于 9.8 米的高度，但是无法解释它的原因。直到他去世后的一年（1643 年），才由他的学生托里切利用大气的压强进行了解释。当时托里切利测得大气的压强是 76 厘米水银柱高。

其后不久，托里切利的解释被实验所证实，其中最有名的实验，就是德国科学家冯·葛利克于 1854 年进行的。

葛利克用铜做了两个中空的半圆球，直径是 1.2 英尺（约合 37 厘米），两个半球的边缘都镶了涂有油脂的皮圈，使它们合在一起的时候不会漏气。

起先，把这两个半球合在一起，轻轻地一拉，它们就分开了。接着，又把这两个球粘在一起，抽去球内的空气。这次人再也拉不开了，改用 16 匹马，一边 8 匹，向相反的方向拉，才把铜球拉开。

这是因为抽气前，球内外所受的气压相同，轻轻用力就可以把两个半球分开，抽气以后，球内的气压很低，几乎没有，铜球受到外部气压的作用，被紧紧地压在一起，据计算这种压力大约有 2000 多千克呢，难怪很难把它拉开。

赵州桥三绝

1. "券"小于半圆：中国习惯上把弧形的桥洞、门洞之类的建筑叫做

"券"。一般石桥的券，大都是半圆形。但赵州桥跨度很大，从这一头到那一头有37.04米。如果把券修成半圆形，那桥洞就要高18.52米。这样车马行人过桥，就好比越过一座小山，非常费劲。赵州桥的券是小于半圆的一段弧，这既降低了桥的高度，减少了修桥的石料与人工，又使桥体非常美观，很像天上的长虹。

2. "撞"空而不实：券的两肩叫"撞"。一般石桥的撞都用石料砌实，但赵州桥的撞没有砌实，而是在券的两肩各砌一两个弧形的小券。这样桥体增加了4个小券，大约节省了180立方米石料，使桥的重量减轻了大约500吨。而且，当洨河涨水时，一部分水可以从小券流过，既可以使水流畅通，又减少了洪水对桥体的冲击，保证了桥的安全。

3. 洞砌并列式：它用28道小券并列成9.6米宽的大券。可是用并列式砌，各道窄券的石块间没有相互联系，不如纵列式坚固。为了弥补这个缺点，建造赵州桥时，在各道窄券的石块之间加了铁钉，使它们连成了整体。用并列式修造的窄券，即使坏了一个，也不会牵动全局，修补起来容易，而且在修桥时也不影响桥上交通。

赵州桥

认识惯性

惯性是物体有保持原来运动状态不变的"习惯性",也就是物体反抗改变运动状态的一种"惰性"。

当骑车飞驰下坡时,刹车时千万不要只捏前闸。如果不慎只捏了前闸,突然制动前轮,而后轮由于惯性,仍在飞速旋转,又无法超越前轮,若刚好下坡,后轮高于前轮,那车尾就必将翘起,人也就只有摔倒的份了。

物体的惯性同物体的质量有关,质量大的物体惯性大,质量小的物体惯性小。这就是为什么质量庞大高速运行的火车在进站前很远就开始刹车,而歼击机为了提高灵活性,要尽量设计得轻便,并且空战前还要投掉副油箱,尽一切努力减少质量,减小惯性。

高速旋转的东西有一个特性,就是它能保持转轴的方向不变。这个特性就叫陀螺的稳定性。陀螺转起来以后总能保持着转轴向上,虽然它脚下很尖,却也不倒。

陀螺的稳定性是转动惯性的一种表现。为了揭开陀螺稳定性的秘密,不妨再分析一下用纸板和火柴棒做的那种简易陀螺:它转起来以后,能尖足着地。这是因为,圆盘转起来以后,各部分都有了水平方向的速度。

运动惯性要保护原速度的方向不变。对纸板的各部分来说,由于这个向心力是沿着水平盘面作用的,因而速度方向的改变,只限于在水平盘面内发生,并不会发生偏上偏下的变化。也就是转动的纸板部分都要保持在水平面内运动,使得转动平面和轴线的方向保持不变。当把旋转的陀螺抛向空中时,只在轴上加了力,没有在转动平面上加力,所以转动轴的方向不会改变。

总之,陀螺的稳定性就是陀螺在高速旋转后,如不受外力作用,转轴在空

陀　螺

间的方向不变,这个特性在各种机械设备上用途甚多。

自行车便是向陀螺学习的一种机械:两个轮子就像两个陀螺,只有转起来才不倒,轮子转得越快,稳定性就越高,车就越不易倒。轮子转得慢,稳定性就差。

钻头旋转起来,有转动惯性,能保持它转轴的既定方向,打起孔来就不易歪。

在风浪中颠簸的轮船,为了减少轮船的摇摆,人们在船舱的底部装上很重的飞轮,让它高速转动,由于飞轮能保持自己的转动轴线方向不变,轮船就有力地抵抗了风浪的影响。

大家知道,惯性与质量有关,质量大,惯性就大。转动惯性也是这样,旋转体的质量大了,转动惯性也就会增大,因此,机器上的飞轮都做得比较重。

柴油机汽缸

由于飞轮的转动惯性大,使它转动起来以后,再改变它的转速就不那么容易——大飞轮比较容易保持均匀稳定的转速。这在许多机器上是极有用的,例如手扶拖拉机的发动机是柴油机,柴油机汽缸的四个冲程中,只有爆发冲程做功,柴油机使出的力总是一下一下的冲击力,曲轴的转动就会不均匀,甚至无法转动。有了巨大的飞轮情况就不同了,转动起来也就均匀多了。

要使质量大的旋转体减速乃至停止转动,由于它的转动惯性很大,需要的阻力也就比较大。正像使飞驶的火车减速,由于其惯性很大需要的阻力很大一样。根据作用力的原理,质量大的旋转体会对阻碍它转动的物体产生巨大的反作用力。利用这一点,可以使机械为我们做功:冲床、剪床上的大飞轮就能成为大力士。

舰船在浩瀚的大海里，飞机在茫茫的天空中，航天器在无际的太空内，都需要随时知道自己的航向、姿势、位置和速度。根据陀螺的特性，人们制造了陀螺仪，让它来当向导。

人造地球卫星上天以后，不能东倒西歪，任意翻滚，必须让它保持一定的姿态。这样，天线就应当总是对准地球。

怎样让人造卫星的姿态稳定呢？人们想到了利用陀螺使人造卫星绕着规定的轴总是指着规定的方向，这样就保持了一定的姿态。

但是，天线跟着转就不能对准地球了，怎么办？就让天线和必要的部分沿着同一个轴反方向旋转，这样，天线就总是对准地球了。

这就是人造地球卫星的"双旋稳定技术"。

知识点

惯性定律

惯性定律，又称牛顿第一运动定律，它科学地阐明了力和惯性这两个物理概念，正确地解释了力和运动状态的关系，并提出了一切物体都具有保持其运动状态不变的属性——惯性，它是物理学中一条基本定律。其内容为：

任何物体在不受任何外力作用的时候，总保持匀速直线运动状态或静止状态，直到有作用在它上面的外力迫使它改变这种状态为止。

延伸阅读

四冲程柴油机的工作原理

柴油机的工作是由进气、压缩、燃烧膨胀和排气这4个过程来完成的，这4个过程构成了一个工作循环。活塞走4个过程才能完成一个工作循环的柴油机称为四冲程柴油机。

第一冲程——进气，它的任务是使汽缸内充满新鲜空气。当进气冲程开始时，活塞位于上止点，汽缸内的燃烧室中还留有一些废气。当曲轴旋转时，连杆使活塞由上止点向下止点移动，同时，利用与曲轴相联的传动机构使进气阀打开。随着活塞的向下运动，汽缸内活塞上面的容积逐渐增大：造成汽缸内的空气压力低于进气管内的压力，因此外面空气就不断地充入汽缸。

第二冲程——压缩。压缩时活塞从下止点向上止点运动，这个冲程的功用有二，一是提高空气的温度，为燃料自行发火作准备；二是为气体膨胀做功创造条件。

第三冲程——燃烧膨胀。在这个冲程开始时，大部分喷入燃烧室内的燃料都燃烧了。燃烧时放出大量的热量，因此气体的压力和温度便急剧升高，活塞在高温高压气体作用下向下运动，并通过连杆使曲轴转动，对外做功。所以这一冲程又叫做功或工作冲程。

第四冲程——排气。排气冲程的功用是把膨胀后的废气排出去，以便充填新鲜空气，为下一个循环的进气作准备。当工作冲程活塞运动到下止点附近时，排气阀开启，活塞在曲轴和连杆的带动下，由下止点向上止点运动，并把废气排出汽缸外。

排气冲程结束之后，又开始了进气冲程，于是整个工作循环就依照上述过程重复进行。

由于这种柴油机的工作循环由4个活塞冲程即曲轴旋转两转完成的，故称四冲程柴油机。

在四冲程柴油机的4个冲程中，只有第三冲程即工作冲程才产生动力对外做功，而其余3个冲程都是消耗功的准备过程。为此在单缸柴油机上必须安装飞轮，利用飞轮的转动惯性，使曲轴在4个冲程中连续而均匀地运转。

质量和重量一样吗

质量和重量是物理学中的两个基本概念。它们的物理意义是截然不同的。

质量指的是物体所含物质的多少。质量是物体本身的基本属性，它不随物体的形状、温度、状态而改变，也不随物体的位置而改变。质量为1 000克的物体，不论把它放在赤道还是北极，它的质量都不会发生变化，即使把它拿到别的星球上去，它的质量也仍然保持原来的数值。

质量是只有大小没有方向的量。质量的基本单位是千克，它是以保存在法国巴黎国际度量衡局的由铂铱合金制的圆柱体——千克原器为基准的。我们平时买米、买菜，总要用秤称一称，称的就是米和菜的质量。

地球上物体的重量表示物体受到地球吸引力的大小，它不是物体本身所固有的。重量也叫重力。重力有大小也有方向，重力的方向就是引力的方向，它总是垂直向下。同一物体在地球上的不同位置，它的重量是变化的；在不同的星球上，它的重量就更不同了，比如，把一个物体从地球拿到月球上去，由于月球对物体的吸引力只有地球的1/6，所以，物体的重量就只有原来的1/6了。

其实质量与重量是既有区别又有联系的两个量。它们的联系是，质量越大的物体重量也越大。实际上，物体受到的重力即物体的重量跟它的质量是成正比的；质量增大几倍，重量也增大几倍。左手提1千克苹果，右手提5千克苹果，你会感到右手的苹果比左手的重多了。

那么现在有一个问题：两相同的塑料袋，一个折起来，一个装满空气，哪个重一些呢？你如果以为装满空气塑料袋会重些，那就错了。

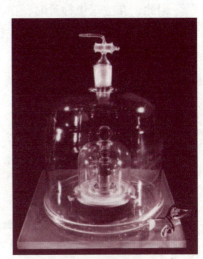

千克原器

一个塑料袋里装满了空气，似乎应该重一些，但不要忘记它同时又排开了相同体积的空气。因为装了空气所增加的重量，刚好等于它排开空气所产生的浮力，二者相抵消，结果还是一个塑料袋的重量；而折起来的塑料袋，没有装空气，不增加重量，但它也不多排开空气，因而也不多受浮力，仍是一个塑料袋的重量。所以，两个塑料袋一样重，你若有天平，可以称称看。

如果问："一千克铁和一千克棉花，哪个重？"

你或许会脱口而出："既然都是一千克，当然是一样重呀！"严格地说，这个答案是有问题的。

我们称重量总是在空气中称，一般谁也不会到真空中去称铁和棉花，而真空中的重量才是物体的真实重量。我们必须了解，一个物体不但在液体里要受到浮力的作用，在气体里也要受到浮力的作用。因此，铁和棉花在空气中都受到空气的浮力作用抵消了一部分重量,这部分重量分别等于它们各自排开空气的重量。这样,铁和棉花的真实重量就得加上这部分重量才行,就是说,都得加上它们各自排开的空气的重量。那么:

1千克铁的真实重量 = 1千克 + 铁排开的空气的重量

1千克棉花的真实重量 = 1千克 + 棉花排开的空气的重量

从上面两个式子可以看出:由于铁的体积小,排开的空气重量就小一些,所以它的实际重量会轻一些。轻多少呢?你一定已经从上面的式中看出来了,其实就是铁与棉花排开的空气的重量差。

因此,在空气中称量时,在不相等的浮力作用下,看起来重量相等的两个物体,把它们放在真空中称量,它们的重量是不等的,体积大的物体重些,体积小的物体轻些。

知识点

千克原器

自古以来,各个国家采用过不少名称各异的质量单位,比如英、美两国曾采用的磅,英制的盎司,俄制的普特。现在世界普遍采用的是公制的千克。

1971年,法国为了改变质量单位混乱的局面,规定了1立方分米纯水在4℃下的质量为1千克。后来用铂铱合金制成一个高度和直径都是39毫米的圆柱体,在1889年国际计量大会上批准为国际千克原器。它现今保存在巴黎的国际计量局总部,所有计量的测量都应溯源到该千克原器。

对于1千克标准确定方法的未来,有人建议说,可以制造一种 ^{28}硅 的球状晶体的新型国际标准砝码,取代原有的铂铱合金圆柱形砝码。新砝码的质地单一,可以避免在两种元素配比过程中由于比率差错而产生的问题,使科学家能够精确确定其中的原子类型和数量。

延伸阅读

变轻的气球

有一个实验十分有趣，可以引人深入思索。在天平的一端，放着一只灌满压缩空气的瓶子，瓶塞上的开关紧闭着，瓶口上套着一个瘪气球；天平的另一端放砝码，使天平平衡。

然后，打开瓶塞上的开关，压缩空气进入气球，气球胀大。这时，天平上放着砝码的那一端往下沉，说明瓶子和气球变轻了。

为什么会这样呢？

有人说："压缩空气从瓶子冲到气球里，给了气球一个向上的力，由于气球和瓶子是相互连着的，所以瓶子也受到向上的力，这就变轻了。"

有人说："这个说法不对。火箭向下喷气，火箭向上运动。瓶子里的压缩空气向上冲，瓶子应该向下运动，等于给天平的这一端加了一个力，瓶子应该显得重一些才对。"

这两个答案哪个对？或者都不对？

这两种说法都没有说到要紧的地方。压缩空气引起气球向上运动，喷气又引起瓶子向下运动，这两边大小相等，方向相反，相互抵消，实际上对天平称重没有任何影响。

应该说，这两种说法都对思考问题产生了干扰。我们排除干扰，再做一次实验。把气球中的空气压挤到瓶子中去，关闭开关，让瘪气球垂在托盘外面，使天平再次平衡。

这时，打开开关，气球又胀了起来，我们可以看到，放砝码的那头又下沉了，气球和瓶子又变轻了。

那么，到哪里去找答案呢？

我们分析一下气球胀起来以后发生了什么变化？瓶子、气球、空气这三种东西的重量变了吗？

没有。瓶子和气球的重量不会变，空气的重量也没有减少。唯一有变化的是气球中的空气的体积，空气的体积胀大以后，它的轻重也会有变化。

因为这一连串问题的根子出在压缩空气上。空气被压缩到瓶子里以后，它的重量就不是一瓶空气,而是两三瓶,或者是四五瓶的重量了。这说明,瓶子里的压缩空气受到的空气浮力比较小,而当部分压缩空气进入气球以后,空气的体积增加,浮力也变大了。浮力增大,瓶子、气球和空气的重量就显得轻了一些。

稳度和重心的关系

　　重力是指由于地球的吸引而使物体受到的力。重力方向竖直向下。地面上同一点处物体受到重力的大小跟物体的质量成正比。
　　物体的各个部分都受重力的作用。但是,从效果上看,我们可以认为各部分受到的重力作用都集中于一点,这个点就是重力的作用点,叫做物体的重心。
　　重心的位置与物体的几何形状及质量分布有关。形状规则,质量分布均匀的物体,其重心在它的几何中心;形状不规则质量分布不均匀的物体,其重心就不在它的中心。
　　有一块奇形怪状的硬纸板,让你用一个手指把它稳稳当当地顶起来,应该顶在什么地方?
　　当然可以采取试一试的办法,试来试去最后找到应该作用的那个点。但是,有没有办法事先找到这个点呢?下面有一个办法,你不妨试一试。
　　在墙上钉一个小钉,再剪一块形状不规则的硬纸板,随便扎一个小洞。把纸板挂在钉子上。再用一段棉线,一端系上一把小锁或其他重物,而把棉线的另一端拴在钉子上。用铅笔沿着棉线在纸板上画一条线。
　　取下纸板,再随便扎个小洞,让钉子穿过纸板上这个小洞,重新挂好。像刚才那样系上棉线,再顺着棉线在纸板上画一条直线。两条直线相交于一点,这就是你要找的点。用铅笔记下来,这个点叫 O 点。用手指顶住这点,纸板就会稳稳当当地平着躺在你的手指尖上。
　　类似上面的实验还可以多做几次,每次换一个悬挂点,你会发现,挂重物的棉线总会通过纸板上的 O 点。只有把手指顶在这里的时候,向上的力才能和地球对纸板的吸引力平衡。好像地球伸出的那只看不见的手就抓在纸板的这一点上。这个点就是前面我们所说的重心。任何一件东西都有重心,而且只有一个重心。

把纸板剪成圆形、长方形、平行四边形、三角形，也可以用上面的方法找到它们的重心。你会发现：圆纸板的重心恰好在圆心上；长方形和平行四边形的重心在对角线的交点上；三角形的重心恰好在三条中线的交点上。

给你一支铅笔，你能让它笔尖向下立在手指上吗？试试看，这是一件非常困难的事，比用手指头顶起一支长竹竿难得多。

如果找一块橡皮，把铅笔尖扎在橡皮中心。这样一来，铅笔和橡皮就成了一个整体。你用手掌托起橡皮，铅笔就稳稳当当地立着。即使笔杆倾斜一点儿也没啥关系。

还可以做一个类似的实验。把铅笔盒用不同的方式放在桌面上：立着放，侧着放，平着放。这三种方式中，哪一种最稳当，最不容易倒？你会发现，平着放最稳当。

不管是铅笔，还是铅笔盒，研究怎么放它们最稳当，最不容易倒，这就是物体的稳度问题。稳度就是物体稳定的程度。稳度越大，物体就越不容易翻倒。建筑物、机器、车船、飞机、仪表……都有一个稳度问题。所以研究物体的稳度是很有意义的。

铅笔的支面面积很小，所以不能站稳。如果找一把小折刀，把刀尖插进靠近铅笔尖的笔杆里，把刀柄弯向笔尖的下方，再用手指顶住笔尖，铅笔就能立起来，虽然有点倾斜，但是很稳当。

铅笔插上了小折刀为什么能够站稳呢？它的支面不仍旧是细细的笔尖吗？

这就要从物体的重心上来找答案了。

原来，没有插小折刀的铅笔，重心在笔杆的中心。插上折刀以后，铅笔和折刀成为一个整体，因为刀柄比较重，所以铅笔和折刀共同的重心就降到了刀柄附近，跑到了支撑它的手指下边去了，因此，铅笔才能站稳。

这说明：物体的重心越低，稳度越大。重心如果低于支撑点，物体就更加稳定。这是提高物体稳度的另一种方法。

用降低重心来提高稳度的例子是很多的。用小独轮车来推水，把水桶挂在车架上，让重心落到车轮上，推起来就稳当。各种车辆的车厢都要尽量造得低些，装货的时候要注意把重的货物装在下面，轻的货物装在上面，而且货物不能装得过高。这些做法都是为了降低重心，提高稳度。

高高的塔式起重机要把成吨的器材提上高楼，所以提高它的稳度就很重要。你看，塔式起重机的下边有一个压重架，在压重架里放进了很多沉重的钢锭，这就是为了降低起重机的重心，增加稳度。

我国古代劳动人民很早就使用这种方法来提高稳度了。明代的航海家郑和在帆船的底舱里放了砂石，降低了船的重心，提高了船的稳度。郑和利用这种重心低的船，在惊涛骇浪中穿越印度洋，访问了亚非30多个国家。

我国自行设计制造的第一艘大型浮吊——"滨海102号"500吨起重船，是港口的钢铁大力士，一艘万吨轮装的货，它只要工作20多次就能全部卸完。起重船的吊臂提着百吨的重物来回移动，而它的脚下却是波涛汹涌的大海，怎么才能保证船的稳定呢？

起重船

原来，在浮吊的后支架下方，安放了1 000多吨的重物，即使吊臂提起百吨的重物，起重船的重心也仍然在船体的中心。

上面的实验告诉我们，物体的重心越低，它的稳度越大，当重心低于支撑点以后，物体最稳定。但是，在下面这个实验中，你将碰到意外情况：

分别用手指顶一根长竹竿和一支铅笔，哪个容易顶住？你会发现，竹竿要比铅笔好顶，竹竿越长，重心越高，反而越好顶。这不是和稳度原理相矛盾了吗？

为了弄清楚这个问题，不妨把一根长竹竿和一支铅笔，用手竖直地立到平平的地面上（铅笔可以立在桌面上），同时松手，看哪个先倒下。你会发现，那支铅笔躺倒以后，又经过了相当的时间，长竹竿才"啪"的一声躺倒在地。竹竿越长，躺倒得也就越慢。

这个实验揭开了一个秘密，那就是任何物体要"跌倒"，总是需要一定的时间的，物体要跌倒的时间和重心的高度有关。长竹竿的重心跌倒在地要经过一段长弧，而短铅笔的重心只要经过比较短的一段弧就倒下了。很明显，重心高的物体跌倒的时间要长一些。

顶竹竿的技巧在于手的动作。人发觉了竹竿倾倒的方向就要及时移动手指的位置防止竹竿倾倒。调整手指的位置需要一定时间，由于长竹竿跌倒的时间比较长，所以人来得及完成找平衡的动作，而短铅笔跌倒的时间很短，人还来不及完成平衡的动作，铅笔已经跌倒了。

人走路和跑步的时候也要随时找平衡，防止跌倒。当你把一只脚向前跨出去的时候，身体的重心就要向前移动，重力线便要超过支面，要是向前跨出去的那只脚不能及时地踏在地上，就会跌倒。

起重机

提高物体的稳度的方法还有很多。比如，我们可以从顶铅笔的窍门中找到一条原理：铅笔尖端的面积很小，所以立不住。把它和橡皮连结起来，物体的"底儿"就大了，也就是增大了支面。这说明：支面越大，稳度越好。

支面并不一定是接触面。三条腿的圆凳，腿是斜向外边的，那空白部分就表示了圆凳的支面，它是由三条腿和地面的接触点连成的一个三角形。

人们经常用加大支面的办法来提高物体的稳度：台灯下边有个大底座，瓶子的底部比瓶口大，烟囱的下边比上边粗……

汽车起重机的前部和后部，各有一对能收起或放下的支腿。汽车开动的时候，支腿向上收起来；汽车停下来起重的时候，把4个支腿放下，利用这种方法就可以加大支面，提高稳度，所以吊上几吨重的东西也不会翻车。

知识点

浮吊船

浮吊船，又称起重船吊。载有起重机的浮动平台，它可以在港口内移至任何需要的地方，或是靠泊，或是移到锚地使货物转船。船上有起重设备，吊臂有固定式和旋转式的。起重量一般从数百吨至数千吨。也可用作港口工程船。

延伸阅读

不倒翁为什么不倒

不倒翁是一种形状像老人，上轻下重，一经触动就摇摆然后恢复直立状态的玩具。有趣的是，无论你怎样推，也不会翻倒；甚至把它放倒，松手后也会再立起来，这是为什么呢？

上轻下重的物体比较稳定，也就是说重心越低越稳定。当不倒翁在竖立状态处于平衡时，重心和接触点的距离最小，即重心最低。偏离平衡位置后，重心总是升高的。因此，这种状态的平衡是稳定平衡。所以不倒翁无论如何摇摆，总是不倒的。

再比如像我们在科技馆看到的"锥体上滚"实验，也是这个道理，由于锥体的

不倒翁

形状和两边轨道的形状，使它的重心在下降，但看起来好像在上升，向上滚与生活中的事实不符合。但它只是一种假象，看它的本质，还是重心降低了，因此重心越低越稳定。

不倒翁力学原理在人们的生产生活中有着广泛的应用。不倒翁杯为一种杯状盛物的器皿，其特征是：上轻下重内空，加厚的圆弧形底部，重量集中于杯体底部中心，底部接触面很小，移动时杯体可摇晃。不倒翁沙袋是一种常见的体育锻炼器械，它依靠其铁质材料的底盘来稳定重心，使绝大部分的重量都集中在很低的位置，上部仅为很轻的软质泡沫或其他物质，即使受到较强的外力作用，沙袋也不会倾倒。

力与圆周运动

我们时常看到一些物体在做圆周运动。钟表上的指针运动，电风扇扇叶的转动，机器齿轮的转动……

现在，让我们做一个小实验，看看在什么情况下物体才能做圆周运动。

用线绳拴上一个纽扣或者小螺母，用手捏住绳头让纽扣在空中做圆周运动，你会发现，纽扣能做圆周运动的原因之一，是因为有绳拉着它。如果你一撒手，纽扣受不到拉力它就会飞走。很明显，没有作用在纽扣上的指向圆心的拉力，纽扣就不能做圆周运动。

我们把做圆周运动的物体受到的这个指向圆心的力叫做向心力。

做圆周运动的物体如果突然失去了向心力的作用，会怎样运动呢？我们再来做一个实验。

在桌子的中心放一个小钢球或玻璃球。用一个透明玻璃杯罩在小球上，晃动杯子，使小球在杯子里面沿着杯口做圆周运动。当小球已经转起来的时候，很快地把玻璃杯竖直向上提起，你将会看到小球沿着杯口的切线方向跑出去了。

为了更加明显地看到小球的运动方向，你可以在桌面上铺上一张白纸，用铅笔把玻璃杯口的圆描下来，然后让小球在杯口运动，在哗哗的响声中突然提起杯子，小球跑出去的方向必定是这个圆的切线方向。

杯子的侧壁迫使小球做圆周运动，当你把杯子提起来以后，小球不再受到向心力，它便靠惯性沿直线运动，所以沿着圆周的切线跑出去了。

任何做圆周运动的物体都是这样。下雨天，当你把雨伞转动得越来越快的

时候，附着在雨伞上的水会被甩出去，甩出去的雨点一定是沿切线方向运动。工人用砂轮磨车刀的时候，火花也是沿着切线方向飞溅的。这样的例子你一定还见过许多。

找一段毛笔杆或竹毛笔帽，从中穿过一条尼龙线，尼龙线的一端拴一个软木塞，另一端拴上一把小铁锁。握住笔杆抡动软木塞，使它做圆周运动。尼龙绳会被拉直。不断地加大转速，当转速大到一定程度的时候，小铁锁被拉上来了。如果加大软木塞的旋转半径，小铁锁就更容易被拉上来了。

转动的软木塞需要向心力，铁锁对绳子的拉力提供了向心力，软木塞转得越快，旋转的半径越大，能拉起的重量就越大。这说明，做圆周运动的物体，转得越快，转动半径越大，所需要的向心力越大。

下雨的时候，如果慢慢旋转雨伞，水滴会随着雨伞做圆周运动，不会甩出来，如果加快旋转，快到一定程度，水滴就会被甩出来，沿着伞周切线方向飞走了。这也说明了物体转得越快，需要的向心力越大。

水滴和雨伞之间有一种附着力。当雨伞转动得比较慢的时候，雨伞作用到水滴上的附着力就成了水滴做圆周运动所需要的向心力，这时候水滴便随着雨伞转动，不会飞出去。当转速达到一定程度的时候，水滴和雨伞之间的最大附着力也满足不了水滴做圆周运动所需要的向心力，这时候，水滴就会靠惯性作用甩出去了。这种运动就叫离心运动。

利用离心运动可以制造出各式各样的离心机械，像离心干燥器、离心分离器等等。

离心运动也会造成危害。高速转动的砂轮、飞轮都不应该超过规定的转速，如果转速过大，飞轮上的某些组成部分发生离心运动，就会造成事故。

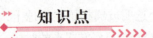

知识点

圆的切线

平面几何中，将和圆只有一个公共交点的直线叫做圆的切线。

圆的切线主要性质有：

1. 切线和圆只有一个公共点；

2. 切线和圆心的距离等于圆的半径；

3. 切线垂直于经过切点的半径；

4. 经过圆心垂直于切线的直线必过切点；

5. 经过切点垂直于切线的直线必过圆心；

6. 从圆外一点引圆的切线和割线，切线长是这点到割线与圆交点的两条线段长的比例中项。

离心泵

离心泵是通过旋转泵的叶轮产生的离心力带动流体的转动来完成流体输送的机械，其主要过流部件有吸水室、叶轮和压水室。最常见的离心泵例如水泵。

吸水室位于叶轮的进水口前面，起到把液体引向叶轮的作用；压水室主要有螺旋形压水室（蜗壳式）、导叶和空间导叶三种形式；叶轮是泵的最重要的工作元件，是过流部件的心脏，叶轮由盖板和中间的叶片组成。

离心泵工作原理，以水泵为例。水泵之所以能把水抽出去是由于离心力的作用。水泵在工作前，泵体和进水管必须灌满水形成真空状态，当叶轮快速转动时，叶片促使水快速旋转，旋转着的水在离心力的作用下从叶轮中飞去，泵内的水被抛出后，叶轮的中心部分形成真空区域。水源的水在大气压力（或水压）的作用下通过管网压到了进水管内。这样循环不已，就可以实现连续抽水。

在此值得一提的是：离心泵启动前一定要向泵壳内充满水以后，方可启动，否则泵体将

离心泵

不能完成吸液，造成泵体发热，震动，不出水，产生"空转"，对水泵造成损坏（简称"气缚"）造成设备事故。

离心泵的种类很多，分类方法常见的有以下几种：

按叶轮吸入方式分：单吸式离心泵、双吸式离心泵。

按叶轮数目分：单级离心泵、多级离心泵。

按叶轮结构分：敞开式叶轮离心泵、半开式叶轮离心泵、封闭式叶轮离心泵。

按工作压力分：低压离心泵、中压离心泵、高压离心泵。

奇妙的失重现象

宇宙飞船里的生活是非常奇特的。在那里，宇航员身轻如燕，飞船里的东西可以无依无靠地悬在空中；装水的瓶子即使瓶口向下，水也不会向下流。物理学上把这种现象叫做失重。

飞船上的东西为什么会失重呢？

你也许认为：这是失掉了地球吸引力的缘故。其实，这个回答并不完全正确。

当然，物体的重量来源于地球引力，飞船如果飞出地球的引力范围，自然就失去了因地球引力而形成的重量。

但是，飞船所在高度并没有脱离开地球的引力，而是被地球的引力拉着做环绕地球的圆周运动。

为了弄清这个问题，我们分几步来研究。第一步，我们来做两个实验，了解一下，在地球引力范围之内，物体为什么会有失重和超重的现象。

你站在称体重的台秤上，迅速把身子向下一蹲，就会发现，那指针会向零一摆。难道这一瞬间，地心对你的吸引力减少到接近于零了吗？

手提弹簧秤，弹簧秤下系一个重物，指针指出了它的重量，如果突然使它向下运动，那指针也会摆向零。反过来，猛然向上一提，那指针指示的重量又会大大增加。

假如你住在有电梯的大楼里，你可以拿一个弹簧测力计（或者一段软弹簧、橡皮筋）和一个重物（比如一把大铁锁）到电梯里去做实验。当电梯静止不动的时候，把重物挂在测力计上，指针指出了物体的重量是 G。当电梯向下加速下降的时候，你会看到指针的指数变小，弹簧或橡皮筋的长度变短——人们看到的重量（视重）变小了，这是失重现象。当电梯加速上升的时候，那指针的指数竟然比 G 还大，弹簧或橡皮筋的长度都变长——人们看到的重量（视重）变大了，这就是超重现象。

  乘电梯的时候，当电梯加速上升或下降的时候，有人会感到不舒服，这是由于电梯上升的时候，他处于超重状态，而电梯加速下降的时候，他处于失重状态。

  早在 17 世纪，著名的物理学家伽利略就注意过这类问题。他提出："我们感觉到肩头上有重荷，是在我们不让这个重物落下的时候。但是，假如我们跟我们肩上的重物一起自由下落，那么这个重物怎么还会压到我们的肩上呢？"

  现代的伞兵亲身体验了伽利略设想的情况。跳伞前，伞兵会感到背上背着的武器很沉，如果从飞机上向下一跳，暂时不张伞，伞兵和沉重的武器一起自由下落，这时候，伞兵就不再会感到肩上有重量了，直到张开伞以后，才会觉出武器的重量。很明显，伞兵和武器一起自由下落的时候，没有感到肩头的重量不是由于失掉了地心引力，而是因为它们都在地心引力的作用下一起加速下落的缘故。

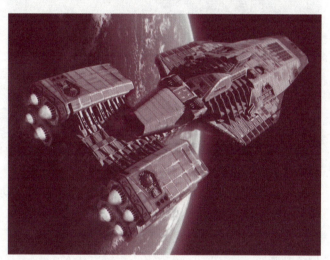

宇宙飞船

  第二步，我们再来研究：宇宙飞船并没有向地球下落，为什么也会失重呢？

  为了探讨这个问题，我们需要模仿杂技节目"水流星"，做一个实验：

  用结实的尼龙网兜兜住一碗水，把它抡起来。你会发现水碗在空中飞舞，碗底已经朝天了，但是里面的水并没有流出来（也可以用尼龙绳系住塑料水杯来做这个实验）。

  你会发现，只有转速相当快的时候，这个实验才能成功，这时候碗里或桶里的水便像失去了重量一样。

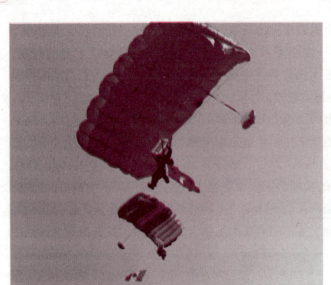

跳 伞

"水流星"杂技里的水在做圆周运动，要做圆周运动就需要向心力。如果失掉了向心力，那水就会沿切线方向飞出。当水运动到最高点的时候，水受到了两个力：一个是重力，另一个是碗底对它的压力，这两个力都是竖直向下的，这两个力合在一起恰恰等于水所需要的向心力，那水自然只能做圆周运动了。

如果水流星运动到最高点的时候，速度慢了一些，这个实验就会失败，那水便要在重力作用下流出来。

如果水流星运动到最高点的时候，速度过快，这个实验就会发生危险：水桶或水碗将拉断绳索，远离圆心向外飞去。

宇宙飞船绕着地球运动的情况，和水流星的运动情况相似：飞船速度过慢，就会坠落地面；飞船速度过快，将会远离地球。

第三步，我们来研究一下：飞船的速度达到多大，才能正好绕着地球做圆周运动呢？

这要从扔东西说起，扔出去的东西总要落到地面上，这是因为地球对扔出去的东西仍然有吸引力，它一面向前跑一面又向下落，第一秒内就要落下4.9米。你扔出去的速度越大，它落下的地方就离你越远。

有趣的是，我们的地球是球形的，半径是6371千米，这样，每向前走7.9千米，地面就要向里弯4.9米。如果有一个物体在空中飞行，1秒钟能在水平方向飞7.9千米，情况如何呢？尽管它在第一秒内掉下了4.9米，但在它飞过的这段路程上，地面也恰好弯下了4.9米，它和地面的距离没有变，从地球上看，它并没有向下落。所以，它总是在向前飞行，也总是在"下落"，但是总也落不到地面之上。这时候，地球对这个物体的引力就正好等于它绕地球做圆周运动的向心力了。

这就是宇宙飞船里出现失重的原因,它本质上和自由落体的失重是一样的。当卫星的水平速度减小以后,它便会向地面坠落。

失重环境是个很特殊的环境。在失重条件下可以造出没有内部缺陷的晶体,生产出能承受强大拉力的细如蚕丝的金属丝。在失重条件下,医生还可以为病人做许多"起死回生"的手术……为此,科学家们正在设计各种"人造天宫"——失重工厂、失重农场和失重医院……看来,在不太遥远的将来,这些设计都将成为现实。

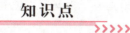

知识点

宇宙飞船

宇宙飞船,是一种运送航天员、货物到达太空并安全返回的一次性使用的航天器。它能基本保证航天员在太空短期生活并进行一定的工作。它的运行时间一般是几天到半个月,一般乘2~3名航天员。

至今,人类已先后研究制出3种构型的宇宙飞船,即单舱型、双舱型和三舱型。其中单舱型最为简单,只有宇航员的座舱;双舱型飞船是由座舱和提供动力、电源、氧气和水的服务舱组成,它改善了宇航员的工作和生活环境;最复杂的就是三舱型飞船,它是在双舱型飞船基础上或增加1个轨道舱(卫星或飞船),用于增加活动空间、进行科学实验等,或增加1个登月舱(登月式飞船),用于在月面着陆或离开月面。

失重和宇宙开发

在失重条件下,熔化了的金属的液滴,形状绝对呈球形,冷却后可以成为理想的滚珠。而在地面上,用现代技术制成的滚珠,并不绝对呈球形,这是造成轴承磨损的重要原因之一。

玻璃纤维（一种很细的玻璃丝，直径为几十微米）是现代光纤通信的主要部件。在地面上，不可能制造很长的玻璃纤维，因为没等到液态的玻璃丝凝固，由于它受到重力作用，将被拉成小段。而在太空的轨道上，将可以制造出几百米长的玻璃纤维。

在太空的轨道上，可以制成一种新的泡沫材料——泡沫金属。在失重条件下，在液态的金属中通以气体，气泡将不"上浮"，也不"下沉"，均匀地分布在液态金属中，凝固后就成为泡沫金属，这样可以制成轻得像软木塞似的泡沫钢，用它做机翼，又轻又结实。

同样的道理，在失重条件下，混合物可以均匀地混合，由此可以制成地面上不能得到的特种合金。

电子工业、化学工业、核工业等部门，对高纯度材料的需要不断增加，其纯度要求为"6个9"至"8个9"，即99.999 9%~99.999 999%。在地面上，冶炼金属需在容器内进行，总会有一些容器的微量元素进入到被冶炼的金属中。而在太空中的"悬浮冶炼"，是在失重条件下进行的，不需要用容器，消除了容器对材料的污染，可获得纯度极高的产品。

在电子技术中所用的晶体，在地面上生产时，由于受重力影响，晶体的大小受到限制，而且要受到容器的污染，在失重条件下，晶体的生产是均匀的，生产出来的晶体也要大得多。在不久的将来，如能在太空建立起工厂，生产出砷化镓的纯晶体，它要比现有的硅晶体优越得多，将会引起电子技术的重大突破。

用途广泛的表面张力

在日常生活中，我们对见到的一些现象可能已经习以为常，认为它们理应如此，但是为什么会这样，就没有过多地去想了。比如，下过雨后，我们可以见到树叶、花草上的小水珠都接近于球形；不小心打碎了体温计后，里面的水银掉到地上，小水银滴也呈球形。

另外，我们也可以表演一个小魔术，在一杯水里，小心地把一枚针水平放置在水面上，针浮在水面上而不沉于杯底，并且在针下面的水面上形成一个凹面。如果做得相当熟练，你甚至可以用纽扣、小巧的平面形金属片或硬币来代替针。所有这些现象都与水的表面张力有关。

打一盆清水来，准备几枚硬币，把硬币竖直地向水里扔，硬币必定沉没在水中。用示指托住硬币，慢慢地使指头没入水中，使硬币平躺水面。奇迹发生了，硬币居然漂浮在水上！

硬币浮在水上是有道理的，那是水的表面张力把它托住了。水面的分子受到水里分子的吸引，使水面趋向收缩。荷叶上的一滴水，会收缩成水珠，细管子里的水面会向管口凸起。从这种收缩的倾向中，我们看到相邻的两部分水面之间存在着相互牵引力，这就是表面张力，它使硬币漂在水面上。水面的表面张力很小，水盆稍有摇晃，硬币就会落到水中。

盆里漂浮着一枚硬币，在水面稳定不动的时候，拿一小块肥皂，轻轻地从硬币旁边插入水中，你会看到硬币迅速移动，远离肥皂而去。看上去，真有点硬币怕肥皂的样子。

这是什么道理呢？

这也是水的表面张力在作怪。肥皂在水里会慢慢溶解，一部分水面成了肥皂液。肥皂液的表面张力比水要小，水将硬币推离肥皂了。请你动手试一试。实验原理如下：

硬币靠近肥皂的这一侧，肥皂液的表面张

浮在水面的针

力小，而在相反的方向，纯净的水的表面张力大，于是部分水面被拉了过去，漂在水面上的硬币也跟着被拉过去了。

如果试验的次数太多，水面上的肥皂液太多，这个试验的效果就会削弱，硬币也许不移动了。这时，要另换一盆清水，才能继续实验。

那么，什么是表面张力呢？

原来，液体与气体相接触时，会形成一个表面层，在这个表面层内存在着的相互吸引力就是表面张力，它能使液面自动收缩。

表面张力是由液体分子间很大的内聚力引起的。处于液体表面层中的分子比液体内部稀疏，所以它们受到指向液体内部的力的作用，使得液体表面层犹如张紧的橡皮膜，有收缩趋势，从而使液体尽可能地缩小它的表面面积。

我们知道，球形是一定体积下具有最小的表面积的几何形体。因此，在表面张力的作用下，液滴总是力图保持球形。

表面张力的方向与液面相切，并与液面的任何两部分分界线垂直。表面张力仅仅与液体的性质和温度有关。一般情况下，温度越高，表面张力就越小。另外，杂质也会明显地改变液体的表面张力，比如洁净的水有很大的表面张力，而沾有肥皂液的水的表面张力就比较小，也就是说，洁净水表面具有更大的收缩趋势。

不光液体与气体之间的表面层，液体与固体容器壁之间也存在着"表面层"，这一液体薄层通常叫做附着层，它也一样存在着表面张力。这一表面张力决定了液体和固体接触时，会出现两种现象：不浸润和浸润现象。

水银掉到玻璃上，呈现出球形，也就是说，水银与玻璃的接触面具有收缩趋势，这种现象为不浸润。而水滴掉到玻璃上，是慢慢地沿玻璃散开，接触面有扩大趋势，这种现象为浸润。

水银虽然不能浸润玻璃，但是用稀硫酸把锌板擦干净后，再在锌板上滴上水银，我们将会看到，水银慢慢地沿锌板散开，而不再呈球形。所以说，同一种液体能够浸润某些固体，而不能浸润另一些固体。水银能浸润锌板，而不能浸润玻璃；水能浸润玻璃，而不能浸润石蜡。

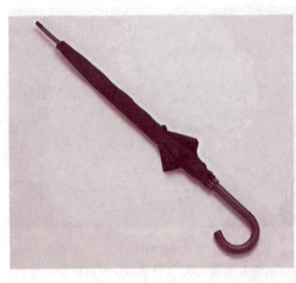

雨 伞

浸润和不浸润两种现象，决定了液体与固体器壁接触处形成两种不同形状：凹形和凸形。现在我们就明白了前面介绍的小魔术中，硬币不沉没的原因了，它实际上利用了水具有很大的表面张力的性质和不浸润现象。如果我们事先把硬币表面涂上一层油，硬币就可以轻易放在水面上而不会沉没。

在工程技术和日常生活中，人们经常利用水不溶解油这一特性。像在纸面上涂油漆做成雨伞；给金属器材涂机油，防止因水引起生锈；甚至在选矿方法上，也用到水不浸润涂了油的物体的性质。浮选矿石法就是把砸碎的矿石放到池中，池里放上水和只浸润有用矿物的油，使它们涂上薄薄一层油，再向池中输送空气，这样气泡就附在有用矿物粒上，把它们带到水面，而与岩石等杂质分离开。

表面张力产生的一个重要现象是毛细现象。也就是说浸润液体在细管里上升，不浸润液体在管里下降。我们可以很容易做一个小实验来观察这种现象。把细玻璃管插入盛水的槽中，这时水很快从细玻璃管中上升，管中的水平面比水槽中水平面还要高，管子越细，上升越高，并且管中水面是凹形的。若水槽中放的是水银，情况则恰恰相反，管中液面低于水槽中水银的液面。

浸润液体为什么能在毛细管中上升呢？

原来，浸润液体与毛细管内壁接触时，引起液面凹形，而表面张力是沿着液面切向作用的，所以沿着管壁作用的表面张力形成一个向上的合力，使得管内液体上升，直到表面张力的向上拉引作用和管内升高的液柱重量相等为止。

同样的道理，对不浸润液体，毛细管壁的表面张力的合力方向向下，使管内液体下降。我们平常所见到的用毛巾擦汗、粉笔吸干纸上墨水等现象都可用毛细现象来说明，毛巾、棉花、粉笔、土壤等物体，内部有许多小细孔，起着毛细管作用。在酒精灯中，用棉线作灯芯，可以使酒精沿灯芯上升；而若用丝线来作灯芯，可能点不着酒精灯。这是因为酒精不能浸润丝线，在丝线灯芯中酒精是下降的。

毛细现象对植物生长也具有很重要的意义，它们所需要的养分和水分就是由根、叶子和茎中的小管从土壤中吸上来，输送到绿叶里的。这就像不停止的抽水机，不知疲倦地把水分、养分送到植物的每一个细胞。

另外，土壤中有很多毛细管，地下的水分沿着这些毛细管上升到地面蒸发掉。如果要保存地下的水分来供植物吸收，就应当锄松表面的土壤，切断这些毛细管，减少水分的蒸发。所以农民常在雨后给庄稼松土，来保持水分。

利用毛细现象，人们还生产出各种钢笔、签字笔和彩色水笔。当用它们在纸上书写时，纸马上显现出字迹来，这是我们平日所见惯了的，但却很少有人想到，为什么写字的时候，墨水会源源不断地出来，而不写字的时候，它就不跑出来？

现在我们已经知道，这是依靠钢笔身上一系列毛细槽和笔尖的细缝，把笔胆内的墨水输送到笔尖；而签字笔和彩色水笔的笔尖是与一根细长的管子相

钢　笔

连，管内壁有吸满了墨水的棉卷，有的彩色水笔笔尖也是用含许多毛细孔的材料做的。写字时，笔尖一碰到纸，墨水就附着在纸上，并在纸上面留下字迹。

当不写字的时候，墨水为什么不流出呢？我们仍可做另一实验来解释。把一块硬纸板盖在盛有水的玻璃杯上（杯内不必装满水），按住纸板，迅速将杯子倒过来，并把手从硬纸板上移开。

此时，发生一奇怪现象：硬纸板停在原处，水仍留在杯内不流出来。难道一杯水的重量推不动一张纸吗？

不是的。这是由于大气压强与水的表面张力共同作用的结果。当把玻璃杯倒置后，水柱有些下降，这就减小了杯内的气压，水柱顶部与底部之间的压力差克服了水柱本身的重量而使杯内的水流不出来；水与纸片和水与玻璃之间的表面张力也使纸板保持在原来的位置上。不写字的时候，笔内的墨水不流出来的道理也是一样的。

表面张力的用途远不止以上所谈到的这些，在生物学、医学及微循环系统中，它也有着广泛的应用；玩具制造厂也常利用它生产出各种有趣的玩具。

知识点

内聚力

内聚力，又叫黏聚力，是在同种物质内部相邻各部分之间的相互吸引力，这种相互吸引力是同种物质分子之间存在分子力的表现。只有在各分子十分接近时才显示出来。内聚力能使物质聚集成液体或固体。特别是在与固体接触的液体附着层中，由于内聚力与附着力相对大小的不同，致使液体浸润固体或不浸润固体。

露珠为什么是球形的

你注意观察过停留在草叶上的露珠吗？圆圆的，亮晶晶的；你注意过自来水开关里滞留着的水滴是以圆形落下的吗？你想没想过，水滴为什么是圆的呢？难道是水有一种变圆的本领吗？

当然不是。像水一样的液体，都有使表面积尽量变小的性质，这是由于液体存在表面张力的缘故。在表面张力作用下，液体表面有收缩到最小的趋势，而且，在体积相等的各种形状的物体中，球形物体的表面积最小。因此，荷叶上的小水滴，草叶上的露珠呈球形。

浮力与密度

在自然界，我们经常可以看到一些司空见惯的现象，但有时并没有想过造成这种现象的原因。例如当被问到船只在海里沉没时，最终会停止在何处？

这与海水的深度有关吗？大家一定回答是沉入海底。但是为什么会这样呢？有人会说是由于重力的作用。而听了下面的解释，你又会怎么想呢？你认为这种说法对吗？

由阿基米德的浮力原理可以知道，物体的漂浮性决定于客观存在的平均密度，而不是它的重量。如果物体的平均密度比液体的密度大，那么它就下沉；密度相同时，物体就可悬浮在液体中。深处的水由于受到上面水的重压，密度会增加，海水越深，密度越大，那么到了相当的深处，海水的密度一定就可以达到与船的平均密度相等。假使船沉到此处，就不会再沉下去，因为再沉下去就会碰到密度更大的海水，而被推上来了。因此，沉船会悬浮在相当深的海水里，而不一定沉到海底。

好像结论很正确，因为海洋深处的压强是非常大的。在海洋中深度每增加10米，每平方厘米就增加10.094牛顿的压力，这相当于1标准大气压。在许多地方，海洋的深度有好几千米，那里的大气压强是非常巨大的。有的海员常和没有经验的旅客开玩笑，用很长的绳子把一塞紧瓶塞的空瓶子系上重物沉入很深的海里。当把瓶子提上来时，里面竟装满了海水！旅客很惊讶，因为瓶塞仍在上面紧紧地塞着。

其实，这是海水的压强在作怪。当瓶子下沉时，深水中的高压把瓶塞压入瓶中，使瓶子装满水；瓶子提上来时，由于压力减小水膨胀而把瓶塞推回原处。

现在我们再回到原来的沉船问题上。虽然海洋深处有着巨大的压强，但是水像所有液体一样，几乎不能被压缩。也就是说，无论多大的压强，总不能把水压得比它原来体积小很多。1大气压只能使水的体积缩小1/22 000。就是在最深的海洋下，水的密度也增加不到5%，不可能增加到与船的密度一样大，所以船在一般海里沉没时，毫无疑问地都会沉到海底。

但对一些内陆的特殊海域来讲，则是另外一种情况。例如死海，它的海水密度很高，平常的海水约含盐2%～3%，而死海里水的含盐量高达27%以上。就是说有1/4的重量是盐，所以那里的海水的浮力很大，人和船都不会沉没于水中。如果人在死海中游泳，绝对淹不死。你可以仰躺在水面上；甚至，完全可以抬起头来，让身体在水面上浮着，只有脚浸入水中。因此与其说是在水里游泳，还不如说是在水面上"游泳"。

我们如果仔细观察船舷，会发现它们上面都画了若干条横线——吃水线。它表示船在各种密度的水里，满载时的最大吃水深度，超过此线，船就可能下沉。

在不同的海洋中，水的密度不同。吃水线在咸水里比较低，在淡水里比较高。这些吃水线的位置实际上也与浮力有关，因为船浸入水的深度决定于液体的密度。

阿基米德像

即当船上装着同样的货物，在海水里行驶，船就浮得高些，而行驶到大河等有淡水的地方，就会浮得低点。实际上每一条船都能够用来测量海洋中水的密度。

液体的密度能不能用简单的办法来测量呢？回答是肯定的，可以使用密度计。它是一种测量液体密度的仪器，像船上的吃水线一样，密度计上不同的刻度值表示了不同液体的密度值。在使用密度计时，只要把它插入液体，它就会竖直地浮在液体中，液面所对应的刻度值就是该液体的密度值。

密度计实际上是根据沉浮原理制造的。如果物体平均密度大于液体的密度，那么物体就要浮起来。待测量的液体密度越大，被密度计排开的液体就越少，密度计浸在液体里的深度也就越浅些，即液体密度越大，密度计浮起的越高。

另外，我们也可以用如下简单方法进行密度测量：

找一支橡皮头铅笔，把图钉按入橡皮头的正中，浸入水里，在铅笔静止的位置刻一道线，作为水的密度的标记。在这以下的位置，刻上间隔相等的细线，分别标上0、1、2、3……

这样，一支铅笔密度计就做好了。把这支铅笔密度计浸入盐水，这时候刻度会大于0，盐水越浓，度数越大。

铅笔密度计是利用液体密度越大浮力也就越大的道理制成的。图钉的作用是为了降低铅笔的重心，使它能够垂直地浮在液体中。

知识点

死 海

死海位于约旦与巴勒斯坦之间，是东非大裂谷的北部延续部分。这是一块下沉的地壳，夹在两个平行的地质断层岩之间。死海形成在大裂谷地区，像是一个巨大的集水盆地。是世界上最低的湖泊，湖面海拔−422米，死海的湖岸是地球上已露出陆地的最低点，湖长67千米，宽18千米，面积810平方千米。死海也是世界上最深的咸水湖、最咸的湖，最深处380米，最深处湖床海拔−800米。

死海

死海水中含有很多矿物质，水分不断蒸发，矿物质沉淀下来，经年累月而成为今天最咸的咸水湖。为什么会造成这种情况呢？原因主要有两条。其一，死海一带气温很高，气温越高，蒸发量就越大。其二，这里干燥少雨，晴天多，日照强，雨水少，补充的水量微乎其微，死海变得越来越"稠"——入不敷出，沉淀在湖底的矿物质越来越多，咸度越来越大。于是，经年累月，便形成了世界上第一咸的咸水湖——死海。

延伸阅读

阿基米德发现浮力原理

阿基米德（约前287—前212年），伟大的古希腊哲学家、数学家、物理学家、力学家，静力学和流体静力学的奠基人。出生于西西里岛的叙拉古。从小就善于思考，喜欢辩论。早年游历过古埃及，曾在亚历山大城学习。据说他住在亚历山大里亚时期发明了阿基米德式螺旋抽水机，今天在埃及仍旧使用着。第二次布匿战争时期，罗马大军围攻叙拉古，阿基米德应用机械技术来帮助防御，城破后不幸死在罗马士兵之手。他一生献身科学，忠于祖国，受到人们的尊敬和赞扬。

关于阿基米德发现浮力原理，有这样一个故事：相传叙拉古赫农王让工匠替他做了一顶纯金的王冠。但是在做好后，国王疑心金冠并非全金，但这顶金冠确与当初交给金匠的纯金一样重。金匠到底有没有私吞黄金呢？既想检验真假，又不能破坏王冠，这个问题不仅难倒了国王，也使诸大臣们面面相觑。经一大臣建议，国王请来阿基米德检验。

最初，阿基米德也是冥思苦想而却无计可施。一天，他在家洗澡，当他坐进澡盆里时，看到水往外溢，同时感到身体被轻轻托起。他突然悟到可以用测定固体在水中排水量的办法，来确定金冠的密度。他兴奋地跳出澡盆，连衣服都顾不得穿上就跑了出去，大声喊着"尤里卡！尤里卡！"。意思是"我知道了"。

他经过了进一步的实验以后，便来到了王宫，他把王冠和同等重量的纯金放在盛满水的两个盆里，比较两盆溢出来的水，发现放王冠的盆里溢出来的水比另一盆多。这就说明王冠的体积比相同重量的纯金的体积大，密度不相同，所以证明了王冠里掺进了其他金属。

这次试验的意义远远大过查出金匠欺骗国王，阿基米德从中发现了浮力定律（阿基米德原理）：物体在液体中所获得的浮力，等于它所排开液体的重量。一直到现代，人们还在利用这个原理计算物体密度和测定船舶载重量等。

单摆运动与计时器的发展

用一根长为1米的细线，在线的一头拴一把小铁锁，把细线的另一头系到门框上的一根钉子上。轻轻推一下铁锁，铁锁便摆起来了。类似这样的装置就叫单摆。细线的长度叫做摆长。

单摆静止的时候是垂直于地面的，这时候摆所处的位置叫平衡位置。单摆从平衡位置向左（或右）摆动，又经过平衡位置向右（或左）摆动，最后返回平衡位置所用的时间，叫单摆的运动周期。

在摆动中，单摆离开平衡位置的最远距离，叫做振幅。

用一个带秒针的钟表就可以测量单摆的周期。设一点为 A，另一点为 B，平衡位置为 C，从 A 点开始记时，当摆锤从 A 点摆向 B，由 B 返回摆向 C，又返回到 A 点总共用的时间就是一个周期。如果你做的摆摆长是1米，那么它的周期大约是2秒。

但是，这样测出的周期总是不太准确，因为你既要看表又要看摆，难免不出误差。为了测得更准，你可以先测出单摆摆动100个来回所费的时间，取一个平均值，这就是单摆一个周期的时间。这样测出的结果会准确得多。学会测周期以后，你就可以通过实验来研究一下摆的周期和哪些因素有关了。

把小铁锁换成一个更重一点的东西，比如一把大一点的铁锁。注意保持摆长不变，你会发现它的周期还是那么长。这说明单摆的周期和摆锤的重量没有关系。

推动单摆的时候，用较大的振幅和较小的振幅各试一次（摆幅最大不要超过5°），分别测一下摆的周期。你会发现，周期和振幅的大小也没有关系。所以在空气阻力的作用下，虽然摆幅会逐渐减小，但单摆来回摆动一次的时间还是那么多。

改变一下摆长，或者再做一个摆长不同的摆，你会发现：摆长改变了，单摆的周期会改变。摆长越短，周期也越短（但是二者并不成正比）。

以上的实验说明：单摆的周期和振幅没有关系，和摆的重量没有关系，只和摆长有关系。这个原理就叫单摆的等时性原理。

单摆的等时性原理是意大利科学家伽利略发现的，伽利略发现这个原理之后，一直想用单摆的周期来指示时间。

在他活着的时候，这个想法一直未能实现。直到1656年，才由荷兰科学家惠更斯实现了伽利略的遗愿，制成了欧洲第一座摆钟，从此，钟表制造业就发展起来，钟表上用的摆也不断地得到改进，出现了游丝和摆轮。

摆　钟

做一个摆长30厘米左右的单摆，利用钟表计算一下1秒钟内它摆动几次（单摆摆过去再摆回来算一次），这个数值叫做单摆的频率。你会发现，摆长一定，摆的频率也是一定的。

频率的单位叫赫兹，也常用"周/秒"（读作"周每秒"）来表示。从这里可以看出：

$$频率 = \frac{1}{周期}$$

如果周期是2秒，频率就是$\frac{1}{2}$周/秒；周期是$\frac{1}{3}$秒，频率就是3周/秒。

近年来，机械表中出现了一种"高频表"。这种表的摆摆动起来周期短，频率高，所以又叫"快摆"表。

高频表为什么受欢迎呢？原来，摆的频率越高，就越不容易受外界影响，指示钟点就越准确。有人作过比较，摆轮频率为2.5周/秒的表，一天误差180秒；摆轮频率为3周/秒的表，一天误差12秒；摆轮频率为5~6周/秒的快摆手表，一天误差只有6秒。

你也许以为，一天误差6秒钟的手表平均每小时只差0.25秒，够准确的了，何必还要研究更精密的钟表呢？

我们再做个实验，你就会明白为什么需要更精确地计量时间。

伸开手指，用消过毒的缝衣针（或大头针），轻轻刺你一下。这时，你的手会猛然缩回来，等到手缩回来了，你才感觉有点儿疼。你能测出手指动作的时间吗？

上边的实验说明，针刺到你的手上，你手上的神经可以在几百分之一秒的时间内把信号传到脊髓，同时向大脑报告。脊髓指挥手指缩回也是很快的。等你感到痛，已经是半秒钟以后的事情了。

在现代化的工业生产、科学研究和军事活动中，精确地计量时间是非常重要的。

火星是运动着的星球，从地球发往火星的飞船，如果起飞时刻差上1‰秒，飞船的着陆点就会差上15千米。

自然界中的闪电过程是在几万分之一秒内发生的；

TNT炸药是在几百万分之一秒内爆炸的；

用激光测距，差上百万分之一秒就会差上300米；

在高能物理实验室里，某些奇妙的粒子总共只有几十亿分之一秒的寿命！

你现在说说没有异常精密的钟表，能行吗？

要想使钟表更准确就要使摆摆得更快，机械钟表无论如何是达不到这个要求的。人们只好寻找另外的方法。科学家发现，给石英晶体通上电以后，它就会发生高频振动，

石英电子手表

这种装置叫石英晶体振荡器。它的频率比机械钟摆要高得多，一般都在 8 000 周/秒以上，用这种石英做成的石英电子手表走起来每个月只差 10～15 秒。有一种高级石英手表，它的频率可以达到 4 194 304 周/秒，这种表走上一年只会差上 3 秒钟。

目前世界上最准确的钟叫原子钟，这是利用原子内部的运动制成的。全世界有许多实验室设置了原子钟，由它们协作计量的国际原子时，它的精确度极高，每天快慢不超过千万分之一秒。

现在各国科学家还在研究更加精密的原子钟，这种原子钟里要应用先进的激光技术。有了更精密的钟，就为人类飞向宇宙，或是探索极小的粒子创造了更好的条件。

石　英

石英，无机矿物质，主要成分是二氧化硅，常含有少量杂质成分如氧化铝、氧化钙、氧化镁等，为半透明或不透明的晶体，一般乳白色，质地坚硬。

石英是地球表面分布最广的矿物之一，它的用途也相当广泛。远在石器时代，人们用它制作石斧、石箭等简单的生产工具，以猎取野兽和抗击敌人。石英钟、电子设备中把压电石英片用作标准频率；熔融后制成的玻璃，可用于制作光学仪器、眼镜、玻璃管和其他产品；还可以做精密仪器的轴承、研磨材料、玻璃陶瓷等工业原料。

伽利略

伽利略，意大利物理学家、天文学家和哲学家，近代实验科学的先驱者。

伽利略于1564年出生于意大利的比萨市，8岁时随家移居到佛罗伦萨。青年时代伽利略入读比萨大学，并于1589年成为该大学数学系教授。

1583年，伽利略在比萨教堂里注意到一盏悬灯的摆动，随后用线悬铜球做模拟实验，确证了微小摆动的等时性以及摆长对周期的影响，由此创制出脉搏计用来测量短时间间隔。

1590年，伽利略在比萨斜塔上做了"两个铁球同时落地"的著名实验，从此推翻了亚里士多德"物体下落速度和重量成比例"的学说，纠正了这个持续了1 900年之久的错误结论。

1609年，伽利略听说荷兰米德尔堡的眼镜商造出了"望远镜"可以将远距离的东西放大，于是伽利略研究了合成镜片的光学性质，造了几具改进的望远镜自用。

伽利略用新式的望远镜进行天文观测，发现太阳上有黑子，月亮表面的坑洞，并根据其边缘影子的长度测算它们的高度。他还发现银河是由许多恒星组成的。

此外，伽利略还发现了金星的相，即金星也跟月球一样有相位的变化，会从新月状逐渐变为满月；他也发现了木星的4颗卫星。

这些发现都支持哥白尼的日心说，并严重地挑战了当时罗马教会所认可的托勒密古希腊天文观与地心说。他将这些发现汇集撰写关于托勒密和哥白尼两大世界体系的对话，意图平复反对的声浪，以避免教会的制裁。

1615年伽利略受到罗马宗教法庭的传讯，在法庭上他被迫作出承认自己错误的声明。

1741年伽利略被正式平反，教皇本笃十四世授权出版他的所有科学著作。1992年10月31日，教皇约翰·保罗二世对伽利略事件的处理方式表示遗憾。

伽利略著有《星际使者》、《关于太阳黑子的书信》、《关于托勒密和哥白尼两大世界体系的对话》和《关于两门新科学的谈话和数学证明》。

为了纪念伽利略的功绩，人们把木卫一、木卫二、木卫三和木卫四命名为伽利略卫星。人们争相传颂："哥伦布发现了新大陆，伽利略发现了新宇宙"。

神奇的光
SHENQI DE GUANG

谈到光，我们再熟悉不过了。光每时每刻都在我们身边。阳光是我们最熟悉的光，它给我们带来了温暖，带来了光明，但是对于它的更深知识你又知道多少呢？

我们这里谈到的光通常只涉及可见光，但我们知道，可见光也是一种电磁波，而其他电磁波如 X 射线、微波、无线电波和其他形式的电磁波等也具有和光相似的现象，但在实践中，除可见光外的绝大多数的光学现象都可以归结于光的电磁性，不在我们现在讨论的范围之内。

不过即便如此，折射、反射、衍射等等一系列光学现象也会让我们无限着迷……

光的折射

光从一种物质斜射入另一种物质的时候，在两种物质的界面上会改变前进方向，这种现象叫光的折射。

和研究反射现象的办法一样，我们在界面上作一条垂线，这就叫法线。入射线和法线的夹角，叫做入射角。折射线和法线的夹角，叫做折射角。

清晨，当人们看到太阳从地平线上冉冉升起的时候，太阳的实际位置还在地平线以下。傍晚，当人们看见太阳贴近地平线的时候，太阳的实际位置已经在地平线以下了。这种现象是地球周围的大气对太阳光的折射所造成的。

空气对光线的折射现象不很明显，所以很难通过实验观察到。但是我们可以从下面这个实验中，看到类似的现象。

取一个无色透明的酒瓶，直径7厘米左右，盛满清水，并且用瓶塞塞紧。再把一支手电筒平放在桌子上，让它发出的光束冲着你。然后在你和手电筒之间放一摞书，书的高度大约5~6厘米。书和手电筒之间的距离大约10厘米。然后你稍稍弯下身子，使你的眼睛沿着书的上端水平望去，这时候书摞恰好挡住了手电筒射来的光。保持你的头部不动，把已经准备好的水瓶横放在书和手电筒之间。透过水瓶的顶部就会重新看到手电筒上发光的灯泡。这是因为水的折射使你觉得灯泡升高了。

太阳距离地球大约1.5亿千米。地球的外围包围着一层厚厚的大气，当太阳光从真空进入大气层的时候，就发生了折射，这和上述实验很类似。大气的折射可以把太阳抬高35′那么大的角度。太阳的圆面对地球上的观察者来说，张角恰好是35′，所以当你看到太阳圆面的下缘刚刚离开地平线的时候，实际上它的上缘还在地平线以下。

事实上，任何透明物质都会使光折射。

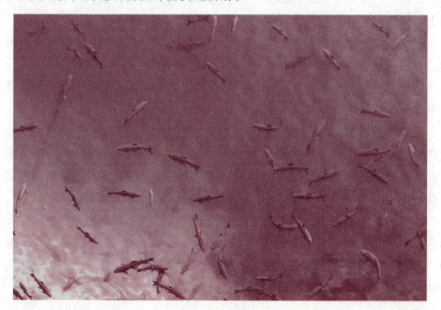

清澈溪水中的鱼

例如，把一枚硬币放在没有装水的瓷杯里。把瓷杯放在桌子上，慢慢地向远处推移，直到你的眼睛刚好看不到硬币为止。

保持你的头部不动，缓慢地向瓷杯中倒水，倒着，倒着，怪事出现了：你又重新看到了杯底的硬币。

原因是这样的，开始的时候，你看不到硬币，是因为来自硬币的光线被瓷杯的边缘挡住了，瓷杯里倒进水以后，情况就发生了变化，来自硬币的光线从水中射向空气的时候，在水和空气的界面上改变了前进的方向，即发生了光的折射现象，所以才能进入你的眼中，使你看到了硬币。从表面上看，就好像是硬币升高了一样。

人们有一个习惯，总是沿着直线去寻找射出光线的物体。所以，硬币看上去好像升高了一样。

把一个玻璃烟灰缸放在桌面上，用一支铅笔紧贴在玻璃烟灰缸的外侧。你透过玻璃斜着望去，就会发现铅笔好像被折断了一样，铅笔的上半部和下半部错开了，不在一条直线上。

原来，光线从玻璃的一面斜射进来的时候，发生了一次折射；从另一面射出的时候又发生了一次折射。因为玻璃的两个表面是平行的，光线折射两次以后，方向仍然不变，只是向侧面平移了一段距离，所以看上去，铅笔的上半部和下半部错开了一个位置，好像断开了一样。

玻璃越薄，平移的距离也就越小，因此我们平时隔着窗玻璃向外看的时候，并不感到物体的位置有什么显著的移动。

如果玻璃的两个表面互不平行，光线穿过它的时候，前进方向会发生比较大的变化，棱镜就是这样的。表示光线通过棱镜的情况。

光线耍的这套把戏，常使人们的眼睛受到欺骗：百发百中的神枪手，如果按常规的方法射击水里的游鱼，就会当众出丑。而有经验的渔夫用鱼叉叉鱼时，决不会朝着鱼下叉，因为这只不过是鱼的虚像。他必定是朝着略近和略深一些的地方用力刺去，这样，一条活蹦乱跳的鱼就被牢牢地刺中了。

在我们的生活中，光的折射现象是经常可以看到的。比如，插在水杯里的汤匙，浸在水里的部分，看起来是向上弯折的。又如，你站在清清的小溪旁边，你看看清澈的溪水最多不过1米多深，但你千万不要贸然跳下去，因为原来估计不过齐胸深的水，一旦跳下去竟然会淹没了你的鼻子尖。

知识点

大气层

大气层又叫大气圈，地球就被这一层厚厚的大气层包围着。大气层的成分主要有氮气，占78.1%；氧气占20.9%；氩气占0.93%；还有少量的二氧化碳、稀有气体（氦气、氖气、氩气、氪气、氙气、氡气）和水蒸气。

大气层的空气密度随高度而减小，越高空气越稀薄。大气层的厚度大约在1000千米以上，但没有明显的界限。

整个大气层随高度不同表现出不同的特点，分为对流层、平流层、中间层、暖层和散逸层，再上面就是星际空间了。

光的折射定律

折射定律是在光的折射现象中，确定折射光线方向的定律。

当光由第一媒质射入第二媒质时，在平滑界面上，部分光由第一媒质进入第二媒质后即发生折射。定律指出：

1. 折射光线位于入射光线和界面法线所决定的平面内；
2. 折射线和入射线分别居于法线的两侧；
3. 入射角的正弦和折射角的正弦的比值，对折射率一定的两种媒质来说是一个常数。

浅显地说，就是光从光速大的介质进入光速小的介质中时，折射角小于入射角；从光速小的介质进入光速大的介质中时，折射角大于入射角。

最早定量研究折射现象的人是公元2世纪希腊人托勒密，他测定了光从空气向水中折射时入射角与折射角的对应关系，虽然实验结果并不精确，但他是第一个通过实验定量研究折射规律的人。

1621年，荷兰数学家斯涅耳通过实验精确地确定了入射角与折射角的余割之比为一常数的规律，故折射定律又称斯涅耳定律。

1637年，法国人笛卡尔在《折光学》一书中首次公布了具有现代形式正弦之比的规律。与光的反射定律一样，最初由实验确定的折射定律可根据费马原理、惠更斯原理或光的电磁理论证明。

阳光的秘密

我们生活在五光十色的大自然中，随时都在欣赏着各种颜色。那绿绿的树、青青的山、万紫千红的鲜花、蔚蓝色的天空和金黄色的太阳，都能给人以美的享受。但是，你想过吗，这些绚丽的颜色是从哪里来的呢？

远古时代，人类就不断地看到雨后的彩虹，并且流传着无数关于彩虹的神话。可是，在很长的历史时期中，大家都弄不清楚彩虹中为什么有这样鲜艳夺目的颜色。

很早以前，人们已经学会把金刚石、水晶等宝石磨制成带有各种棱角的装饰品。在光的照耀下，它们闪耀着虹一样的色彩，这美丽的颜色，又是从哪里来的呢？

古往今来，这些问题吸引了许多科学家，他们进行了无数次观察，花费了许多时间去思索，并且提出了各种学说。但是在17世纪60年代以前，问题始终没有得到满意的答案。

在众多的科学家之中，是谁最早揭开颜色之谜的呢？就是著名的英国科学家牛顿。这是他对物理学的又一个重大贡献。

牛顿在他的著作《关于光和色的新理论》中这样写道："我在1666年初，做了一个三角形的玻璃棱镜，利用它研究色的现象。为了这个目的，我把房间弄成漆黑的，在窗户上做一个小孔，让适量的日光射进来，我又把棱镜放在光的入口处，使光能够折射到对面的墙上去。当我第一次看见由此而产生的鲜明而强烈的颜色时，我感到极大的愉快。"

你也许在课堂上或实验室中看到过这个有趣的实验。阳光通过棱镜以后，就被分解成美丽的彩带，好像谁把天上的彩虹截了一段挂在墙上一样。每个人都会被那鲜艳、浓烈而又纯正的颜色所吸引。原来，世界上各种颜色早已包括在日光中了。正是这个缘故，牛顿把彩虹称为"日光的幻影"。让我们也做做这个实验。

先准备好一个小水盆，在盆内盛满清水。把水盆放在有阳光照射的桌子上。再找一张铝箔纸，用小刀在中间切开一个宽约25毫米、高12毫米的长方形的切口，用铝箔纸把这面小镜子包起来，把切口留在镜子正中。

把镜子斜放在水盆中，使它斜靠在水盆的侧面。为了防止镜子滑倒，可以在盆中放块石头。转动水盆，使镜面迎着阳光。这样，在天花板或在对面墙上就会看到一条彩色的光带。也可以用手拿着一张白色的大硬纸片，在水盆的斜上方，慢慢地绕着小镜子移动，直到在白纸上看到一条彩色光带为止。

也可以利用有棱角的玻璃制品（例如烟灰缸）来代替棱镜。在它上面寻找一个棱角，棱角的两个侧面间的夹角必须是锐角。然后，在屋外找一块有阳光又有阴影的地方，在阴影里铺上一张白纸，把你的"棱镜"对着阳光举起，用手慢慢地转动它，直到在白纸上看到一条七彩斑斓的彩虹为止。

现在，让我们仔细欣赏一下自己通过实验所得到的彩带。和天上的彩虹一样，它总是红的在一端，紫的在另一端。如果棱镜放置适当，就会自上而下地看到"红、橙、黄、绿、蓝、靛、紫"。在任何两种颜色之间找不到明显的界限。一种颜色渐渐地过渡到另一种颜色，就好像悄悄地溶解在另一种颜色之中一样。科学家把这条彩带叫做光谱。

地球上每一种颜色都和阳光分不开。各种颜色的光从太阳上发出来的时候是混在一起的，所以长期以来，人们被阳光白色的外表所欺骗，直到牛顿的时代，才揭穿了阳光的秘密。

棱镜为什么能把阳光分成七色呢？

原来，不同颜色的光，它们的波长是不同的。

什么是波长呢？可以用水波做例子来说明，水面激起的波浪总是一个紧接着一个的。波浪的最高点叫波峰，最低点叫波谷，两个紧挨着的波峰（或波谷）之间的距离就是一个波长。水中形成的波纹，它的波长可能只有几个厘米。光波的波长要比水波的波长短得多，例如1.4万个红光的波长连在一起才够1厘米长。光的波长虽然很短，肉眼看不出来，但是科学家用了一些巧妙的方法，还是测出了它们的数值。

在眼睛看得见的光谱中，红光的波长最长，紫光的波长最短。在红光和紫光之间还有橙、黄、绿、蓝、靛这几种色光。

不同颜色的光在真空中的传播速度是一样的，但是当它们进入透明物质以后，跑得就不一样快了。紫光跑得最慢，红光最快。其他颜色光的速度，介于红和紫之间。

通过折射现象的研究，我们已经知道。光从空气进入某一种物质的时候，被折射的程度和它在这种物质中前进的速度有关。速度越慢，被折射得越厉害。七色光进入玻璃以后，其中，紫光的速度最慢，偏折得最厉害，因此，紫光就位于光谱的下端；红光的速度最快，偏折得也就比较少，因此，红光位于光谱的上端；橙、黄、绿、蓝、靛等色光，按波长的长短，依次排列在红光和紫光之间。棱镜就是这样把白光分解成七色光谱的。

当年牛顿揭开颜色之谜并没有受到普遍的重视和赞赏，甚至还遭到激烈的反对。

人们当时理解不了牛顿的精辟见解——最常见的光是一种成分复杂的光，而色彩鲜艳的光却是简单的。牛顿为了说服大家，又做了许多次把七色光合成白光的实验。下面也让我们用实验来证明，有颜色的光确实可以合成白光。

把一个焦距大约为10厘米的透镜，放在水棱镜和白色硬纸片中间，由水棱镜分解出来的形成光谱的光线通过透镜以后，能在纸上会聚成一个长方形的像。这是包镜子用的铝箔纸上长方形孔的像（如果不够清晰，可以前后移动这面透镜，使像清晰起来）。你一定会发现那是一个白色的像，完全没有颜色。

如果用一把木尺的窄面把射向放大镜的七色光在途中挡住一部分，纸片上就立即会呈现出一种料想不到的颜色。例如，挡住红光，白纸片上就呈现出蓝绿色。这是因为白光中缺少了一种色光，就再也合不成白光。慢慢移动木尺逐渐挡住光谱中的黄、绿、蓝等色光，在纸片上就会呈现出其他各种鲜艳色彩。

利用一个旋转的陀螺也可以证明七色能合成白色：

用一块硬纸板，剪一个直径约为82毫米的圆盘。在圆盘的边上用铅笔作一个记号。把圆盘竖起来使它可以滚动。在圆盘下面放一把尺子。注意使圆盘上的铅笔记号对准尺子的零点。然后细心地让圆盘沿着尺子滚动。当圆盘滚到76毫米、114毫米、146毫米、190毫米及

牛　顿

234毫米的地方，各作一个记号。从盘的圆心向所有的铅笔记号画直线，把圆盘分成6个面积不等的扇形。然后在每个扇形部分，用水彩或彩色粉笔涂上颜色，也可以糊上不同颜色的色纸。面积最大的扇形部分是红色，然后依次是橙、黄、绿、蓝（蓝靛合为一色）、紫等色（注意：一定要按规定的顺序）。

用针在圆盘中心扎一个孔，再把一根火柴棍塞进去，这就成了一个陀螺。转动这个陀螺，圆盘上的颜色顿时消失，整个圆盘看上去竟是白色的。

这是因为圆盘上的各部分只反射太阳光谱中的一种颜色。这些颜色依次进入你的眼中，由于视觉暂留现象，它们在你的视觉中混合起来，使你觉得圆盘是白色的。

知识点

棱　镜

棱镜是透明材料（如玻璃、水晶等）做成的多面体。在光学仪器中应用很广。

棱镜按其性质和用途可分为若干种。例如，在光谱仪器中把复合光分解为光谱的"色散棱镜"，较常用的是等边三棱镜；在潜望镜、双目望远镜等仪器中改变光的进行方向，从而调整其成像位置的称"全反射棱镜"，一般都采用直角棱镜。

光线入射出射的平面叫侧面。与侧面垂直的平面叫主截面。根据主截面的形状可分成三棱镜、直角棱镜、五角棱镜等。

延伸阅读

牛顿轶事

牛顿（1642—1727），物理学家、数学家、科学家和哲学家。被誉为人类历史上最伟大的科学家之一。他在1687年7月5日发表的《自然哲学的数学原理》中提出的万有引力定律以及牛顿运动定律是经典力学的基石。牛顿还和莱布尼茨各自独立地发明了微积分。

牛顿还发现了太阳光的颜色构成，并制作了世界上第一架反射望远镜。

1667年复活节后不久，牛顿返回到剑桥大学，10月被选为三一学院初级院委，翌年获得硕士学位，同时成为高级院委。1669年，巴罗为了提携牛顿而辞去了教授之职，26岁的牛顿晋升为数学教授。巴罗让贤，在科学史上一直被传为佳话。

作为大学教授，牛顿常常忙得不修边幅，往往领带不结，袜带未系好，马裤也不扣扣，就走进了大学餐厅。有一次，他在向一位姑娘求婚时思想又开了小差，他脑海里只剩下了无穷量的二项式定理。他抓住姑娘的手指，错误地把它当成通烟斗的通条，硬往烟斗里塞，痛得姑娘大叫，离他而去。牛顿也因此终生未娶。

牛顿从容不迫地观察日常生活中的小事，结果作出了科学史上一个个重要的发现。他马虎拖沓，曾经闹出许多的笑话。一次，他边读书，边煮鸡蛋，等他揭开锅想吃鸡蛋时，却发现锅里煮的是一只怀表。还有一次，他请朋友吃饭，当饭菜准备好时，牛顿突然想到一个问题，便独自进了内室，朋友等了他好久还是不见他出来，于是朋友就自己动手把那份饭菜全吃了，鸡骨头留在盘子里，不辞而别了。等牛顿想起，出来后，发现了盘子里的骨头，以为自己已经吃过了，便转身又进了内室，继续研究他的问题。

双折射与折射率

在寒冷的冬天，窗户上常有霜。霜是水的结晶体组成的。如果在窗台上有一个霜融化后形成的小水坑。当你注视水坑时，会发现水坑中映出玻璃窗霜图案的映像居然有颜色。冰晶体仍是无色的，请问，它在水中的像怎么会有颜色呢？

为了看见玻璃窗上霜的颜色，可在被霜覆盖的玻璃两边各放一块偏振片。为什么这样就能看见颜色呢？

这是因为冰是一种双折射材料。

大家知道，双折射材料中有一个快轴和一个慢轴。如果光平行于慢轴偏振，则折射率较高；如果光平行于快轴偏振，则折射率较低。当射出的光线碰到一块偏振片时，它能否穿过偏振光，这是由光的偏振轴和滤光片的偏振轴的相对取向决定的。

双折射材料对光偏振的影响取决于3个因素：沿快轴的折射率、材料的厚度和光的波长。如果让白光通过双折射材料及其两侧安放的滤光片，虽然白光是直接射入第一块偏振片的，但由于又透过第二块偏振滤光片，因而能看见的只是某些波长的光。如果转动两块偏振片或双折射材料，则从第二块滤光片发出的颜色会变化。

霜

因此，在被霜覆盖的玻璃两侧各放一块偏振片时，所有具有合适厚度的取向的晶体都会引起颜色的变化。不过，光轴和视线平行的晶体不会产生颜色，因为这一晶体不会发生双折射现象。

通过水坑而不是通过偏振片，为什么也可看见霜的颜色呢？

这是因为，从天空来的散射光可能发生强烈偏振。如这样的光照射窗子，就不需要用第一块偏振滤光片。若光通过霜，然后经水坑中反射，就能起到第二块偏振滤光片的作用，因为反射能引起偏振。

这样，当你注视窗台上霜融化成的水坑时，就能看见水坑映出玻璃窗上的霜抹上了色彩。

光以一定的角度斜射到两种物质的界面上的时候，光线折射的程度和光在这两种物质中的速度有密切关系，两者相差越多，折射的程度就越大。

光在真空中的速度是每秒30万千米，在空气中的速度和在真空中相差很少，所以一般认为是相等的。光在水中的传播速度是每秒22.5万千米，正好是真空中的3/4，在普通玻璃中，光的速度是每秒20万千米，大约是真空中的2/3。

假如光线从真空中（或空气中）进入某一种物质的时候，速度减少得越多，折射得越厉害。光在真空中的传播速度，和在某种物质中的传播速度之比，就是这种物质的折射率。以水为例，它的折射率是这样计算的。

$$水的折射率 = \frac{光在真空中的速度}{光在水中的速度}$$

根据计算，水的折射率是1.33，玻璃的折射率是1.5。某种物质的折射率越大，我们就说它的折光本领越强。下面这个实验可以帮助你估计水的折射率。

把一枚硬币投入盛满水的水桶内，从桶的正上方向下望去，你会感到桶底的硬币好像比地板离你更近了。

用手在桶外指出你所看到的硬币的位置。这时眼睛应该同时盯住硬币和手指。微微晃动你的头，从不同的角度去看，以便认准手指和硬币确实在同一高度。测量一下手指和水面的距离，你会发现，是水深的3/4。这说明硬币升高了1/4。

这个小实验正好说明了：光在水中的传播速度是光在空气中传播速度的3/4，因而水的折射率是4/3，即1.33。如果你已经学过折射定律，就不难证明这一点。

折射率是物质的一个重要物理性质。在煤矿中，用测定折射率的方法，可以迅速地检查出一氧化碳的含量，以保护工人的生命安全。金刚石具有特别大的折射率，鉴定金刚石的最好方法就是检验它的折射率。

在折射率较大的物质中，光的传播速度较小；在折射率较小的物质中，光的传播速度就较大。

光从一种物质进入另一种物质的时候，折射率大的那种物质是光密媒质；折射率小的那种物质是光疏媒质。

例如空气和水比较，空气是光疏媒质，水是光密媒质。可是水和玻璃比较，水却是光疏媒质，而玻璃则是光密媒质。

知识点

霜

霜是水汽（也就是气态的水）在温度很低时的一种凝华现象，跟雪很类似。严寒的冬天清晨，户外植物上通常会结霜，这是因为夜间植物散热的慢，地表的温度又特别低，水汽散发不快，还聚集在植物表面时就结冻了，因此形成霜。科学上认为，霜是由冰晶组成，和露的出现过程是雷同的，都是空气中的相对湿度到达100%时，水分从空气中析出的现象，它们的差别只在于露点（水汽液化成露的温度）高于冰点，而霜点（水汽凝华成霜的温度）低于冰点，因此只有近地表的温度低于0℃时，才会结霜。

霜的消失有两种方式：一是升华为水汽，一是融化成水。最常见的是日出以后因温度升高而融化消失。霜所融化的水，对农作物有一定好处。

霜的出现，说明当地夜间天气晴朗并寒冷，大气稳定，这种情况一般出现于有冷气团控制的时候，所以往往会维持几天好天气。我国民间有"霜重见晴天"的谚语。

延伸阅读

折射率的应用

折射率是物质的一种物理性质。它是食品生产中常用的工艺控制指标，通过测定液态食品的折射率可以鉴别食品的组成，确定食品的浓度，判断食品的纯净程度及品质。

蔗糖溶液的折射率随浓度增大而升高。通过测定折射率可以确定糖液的浓度及饮料、糖水罐头等食品的糖度，还可以测定以糖为主要成分的果汁、蜂蜜等食品的可溶性固形物的含量。

各种油脂具有其一定的脂肪酸构成，每种脂肪酸均有其特定的折射率。含碳原子数目相同时不饱和脂肪酸的折射率比饱和脂肪酸的折射率大得多；不饱和脂肪酸分子量越大，折射率也越大；酸度高的油脂折射率低。因此测定折射率可以鉴别油脂的组成和品质。

正常情况下，某些液态食品的折射率有一定的范围，当这些液态食品因掺杂、浓度改变或品种改变等原因而引起食品的品质发生了变化时，折射率常常会发生变化。所以测定折射率可以初步判断某些食品是否正常。如牛奶掺水，其乳清折射率降低，故测定牛奶乳清的折射率即可了解乳糖的含量，判断牛奶是否掺水。

光的反射

天黑以后，屋里开了灯，窗户上的玻璃就好像镜子一样，能把房间里的人和家具映出来，这说明玻璃也可以反射光。为什么白天看不到这种现象呢？那是因为，白天从外面透过玻璃的光太强了，所以反射光就显不出来了。

利用玻璃既能反射光又能透光的性质，可以用它做一个有趣的实验，帮助我们了解镜子反射成像的一些规律。

在桌子上放两摞书，把一块玻璃直立在桌子上。在玻璃的前方放一支蜡烛（为了便于移动它，你可以把蜡烛尾部烧熔；然后把蜡烛粘在一个旧瓶盖里）。在玻璃的后面，放一只盛水的大玻璃杯。玻璃杯和玻璃之间的距离，要和蜡烛到玻璃之间的距离完全相等。

拉上窗帘，使屋子变暗，从蜡烛这边向玻璃望去，就会看到一个奇怪的现象——蜡烛正在水中燃烧。

玻璃像镜子一样，把蜡烛发出的一部分光，从它的表面反射进你的眼里。但是人们的眼睛有一种习惯，总是沿着直线去搜索那个发光的物体。所以，我们感到蜡烛的光是从玻璃的背后发来的，好像在那儿也有一支蜡烛（我们把它叫做蜡烛的虚像）。蜡烛的虚像和玻璃背后的水杯正好重合在一起，所以看起来就像蜡烛在水中燃烧。

这个实验告诉我们，镜子前面的物体，能在镜子里形成一个虚像；物体和镜子的距离，跟虚像和镜子的距离相等。

下面再做一个实验，证明镜子中的虚像和实物的大小是相等的。

还是用那块玻璃，取两支大小一样的蜡烛，把一支点着以后，放在玻璃前面，再在玻璃后面放上另一支没有点燃的蜡烛，慢慢地移动它，使得隔着琉璃从各个角度看去，它正好跟点燃了的蜡烛的虚像重合在一起。这时候一个有趣的现象发生了，那支蜡烛就像被点燃了一样。

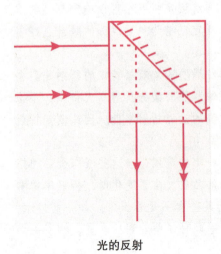

光的反射

神奇的光

镜子里的虚像和实物不仅距镜子有相等的距离，而且它们的大小也是相等的。

如果你在两个陡峭山峰之间的山谷里喊一声："哎！"山谷里的回声会把你吓一跳，因为好像有很多人在回答："哎！""哎！"……只是一声比一声微弱，慢慢就听不见了。这是山谷对声音多次反射造成的。

光也能发生多次反射，下面让我们来做两个实验。

利用两面平行的小镜子可以看到一连串的反射像。把一面小镜子靠在一摞书上，让镜子和桌面垂直，并且镜面要对着你。在距镜子2.5厘米处放一个玩具小人。再把另一面镜子放在玩具小人的前面，距玩具的距离恰好也是2.5厘米。两面镜子要面对面放置。

越过前面那面镜子的顶端，向对面的镜子望去，就会发现小人排成一队。调整镜子，使它们排成一条直线，你会看到玩具的队尾一直伸展到远处直到看不清楚为止。

光波像声波一样，在两面相互平行的镜面间发生多次反射。每反射一次，你就会看到一个虚像，多次反射就造成许多个虚像，直到反射光减弱到看不清楚为止。

一面镜子也可以观察到多次反射的现象。

把一支蜡烛点燃后放在桌子上，关上屋子里的灯，从镜子中观察蜡烛，一般我们只能看到一个虚像。如果你改变镜子的方位，让镜子的一个棱边对着你的鼻子，而镜子的另一个棱边对着蜡烛，使镜面几乎垂直于你的脸部。这时候，你向镜子里斜着望去，会看到一串并列的蜡烛的虚像。

我们分析一下出现多个蜡烛虚像的原因。玻璃制成的镜子有两个反射面：玻璃的前表面和后面的镀银面。蜡烛发出的光进入玻璃以后，在镀银面和玻璃的内表面之间发生了多次反射，每反射一次，就会透出一些光而进入你的眼帘，使你看到一个蜡烛的虚像。因而在你的眼前就出现了一串蜡烛，只是一个比一个更暗淡一些。两个虚像之间的距离越大，说明做镜子所用的玻璃越厚。

在天文望远镜或其他光学仪器中，为了避免镜子的多次反射，常常把银或铝镀在玻璃的前表面。

知识点

实像和虚像

实像：由物点发出的光线经透镜折射，所有折射线均可会聚于一点，该点叫做物点的实像点，所有实像点的集合叫做物体的像。实像的特点是：实际光线的会聚，倒立，异侧，可成在屏上。

虚像：由物点发出的光线，经透镜折射其反射线反向延长线的交点叫做该物点的虚像点，其集合叫做物体的虚像。虚像的特点是：不是实际光线的会聚，正立，同侧，不能成在屏上。

实像虚像的区别：

1. 成像原理不同：物体射出的光线经光学元件反射或折射后，重新会聚所成的像叫做实像，它是实际光线的交点。在凸透镜成像中，所成实像都是倒立的。如果物体发出的光经光学元件反射或折射后发散，则它们反向延长后相交所成的像叫做虚像。

2. 承接方式不同：虚像能用眼睛直接观看，但不能用光屏承接；实像既可以用光屏承接，也可以用眼睛直接观看。人看虚像时，仍有光线进入人眼，但光线并不是来自虚像，而是被光学元件反射或折射的光线，只是人们有"光沿直线传播"的经验，以为它们是从虚像发出的。虚像可能因反射形成，也可能因折射形成，如平面镜成等大的虚像，凸透镜成放大的虚像。

3. 成像位置不同：实像在反射成像中，物、像处于镜面同侧，在折射成像中，物像处于透镜异侧；虚像在反射成像中，物、像处于镜面异侧，在折射成像中，物像处于透镜同侧。

万花筒

利用光在两面镜子之间多次反射的原理，可以制成一个万花筒。万花筒虽然是一个玩具，但是在艺术设计中仍有实用价值。从万花筒中看到的图案，比画家精心描绘的毫不逊色。只要把它转动一下，图案的色调和花样就变动一下。万花筒真像一个辛勤的画家，它能画出层出不穷的图案，很是逗人喜爱。自己动手来做一个万花筒，用它来研究光的反射，比买一个玩具更有趣。

用两条长15厘米左右、宽3厘米的镜子条。再剪一条和镜子条一样大小的纸板把它的一面涂黑。把两条镜子条和一条纸板组合在一起（纸板涂黑的一面应朝里），用胶布把它们贴好，再用两条橡皮筋把它们捆牢。这样就成了一个最简单的万花筒。

把一些彩色的纸屑、彩色玻璃珠放在一张白纸上。通过万花筒来观察它们，你会看到许多星状的图案。旋转万花筒，图案就跟着变化。

如果你没有镜子条，可以用玻璃条来代替，但是你应该把玻璃的一面涂黑或贴上黑纸，涂黑的一面要朝外。不过用镜子条做成的万花筒比玻璃条做的，看起来图案要明亮得多。

现在你知道了：万花筒是由两面相交成60°角的镜子组成的，由于光的反射定律，放在两面镜子之间的每一件东西都会映出6个对称的图像来，构成一个六边形的图案（如果用夹角是45°角的两面镜子做成万花筒，得到的图案就是八边形的）。

光全反射的认识

如果你戴上一个潜水镜，潜入清澈的水中，从水下向上望去，假如水面是平静的，你会惊奇地发现，水面就像用玻璃做的，而且似乎涂了一层银，像镜子一样闪闪发亮，并且倒映着水中的鱼、草和水底下的石头。

微风吹来，泛起了微微的波纹，这时候在水下看到的就是一个变幻无常的银色波浪。并不是每一个人都能得到潜水的机会，我们可以通过一个实验来观察这美丽的景致。

取一个盛满水的玻璃杯，把它放在较高的柜子上，透过玻璃杯自下而上地观看水的内表面。你会发现，水面像水银一样闪着银光，简直像镜子一样。是的，这的确是一面镜子。把一支铅笔插入水中，从下面向上看去，就会看到两个笔尖，一个是真正的，一个是水面上的反射像，不过笔尖及其反射像看上去比真的笔尖要大一些，这是由于玻璃杯的侧面使水弯曲成一个放大镜，把笔尖放大了。

在晚上，把一个台灯放在远处的桌面上，关掉其他的灯。把水杯举起来，从下向上看，就能看到水的内表面像镜面一样映出远处的台灯和周围的东西。

为什么水的内表面有时像镜子呢？

我们知道，当光从一种物质射向另一种物质的时候，在它们的界面上会分成两部分，一部分不能穿过界面而被反射回去，这是反射光束；另一部分则透过去，这是折射光束。人们发现，在一定的条件下，透明的界面会变得像镜子一样能把入射光百分之百地反射回来，这是光的全反射现象。上面实验中的现象都是光的全反射。

下面来做一个实验，看看在什么情况下光能发生全反射。

准备一只手电筒，再用不透光的硬纸片做一个高 10 厘米左右的圆筒。圆筒的直径比手电筒的前端直径略微大一点点，以便恰好套在手电筒的前盖上。圆筒的前端加一个纸盖，盖上开一个直径约 3 毫米的圆孔。

再找一个果酱瓶，在瓶内注入 1/3 的浓茶水。把一支点燃的蚊香放在液面上方，使液面上方充满了烟雾，然后把蚊香取出并盖好瓶盖。

遮暗你的屋子，把套有圆筒的手电筒放在果酱瓶的下面，让手电筒的灯光通过纸筒上的圆孔射出。这束光线从瓶底射入水内，再从水面射到充满烟雾的空间，光线经过的途径显出一道亮光。

你用一只手握住果酱瓶，另一只手拿好手电筒，使果酱瓶稍微倾斜，这时候入射光也就斜射到茶水的内表面上。在烟雾中你能清晰地看到折射光束，同时在茶水中还可以看到一条微弱的反射光束。

逐渐改变水瓶的倾斜角度，使光线的入射角不断改变。这样，你就可以看到折射光和反射光的变化情况了。

入射角增大的时候，折射角也增大，但是折射光束的强度在逐渐减弱，而茶水中的反射光束却越来越明亮。果酱瓶倾斜到一定程度的时候（即入射角增大到一定的程度），你会看到折射光束刚刚冒出水面，沿着水面掠过，这说明折射角已经接近90°。把果酱瓶再倾斜一点，折射光束就完全消失，而反射光束却变得很亮，我们把这个时候光的入射角叫临界角。从临界角开始，入射角再增大，光线就一点也不能冒出水面，而全部被茶水和空气的交界面反射回来，这就是光的全反射。

光的全反射现象不只发生在水和空气的交界面上，一般来说，当光从光密媒质（例如水、玻璃等）射向光疏媒质（例如空气）的时候都有可能发生——只要光束以非常倾斜的角度射在它们的交界面上就会发生全反射。实验证明，光从水射向空气的时候，如果入射角大于48.5°就会发生全反射；光从玻璃射向空气的时候，入射角只要大于42°也会发生全反射。光从冷空气层射向热空气层的时候，也可能发生全反射。

还可以用许多其他的方法观察到全反射现象，下面再介绍两个。

找一个又大又深的脸盆，盛满清水。把一枚硬币扔在盆底，然后用一个较重的玻璃杯倒扣住硬币（注意，在向下按玻璃杯的时候，不要让杯中的空气漏出来）。这时候，你再从玻璃杯的侧面望去，就会发现玻璃杯变得不透明了，它的侧面像镜子一样闪着银光，并且映出盆底的印花，而硬币却无影无踪了。

还可以用另一种方法来做这个实验：把玻璃杯正立在脸盆里，用杯底紧紧压住硬币。你从杯子的侧面望去，也会发现玻璃杯不透明了（注意，不要让水进入杯内，如果杯子里进了水，就变得透明了）。

别看这些实验做起来很简单，要说清它的道理还要费一番脑筋，请你自己想想看。

利用光在玻璃的内表面上会发生全反射的原理，可以制成光学仪器——全反射棱镜。光线垂直射入棱镜的一个侧面，然后以45°的入射角投射在棱镜的内表面上。由于玻璃的临界角是42°，所以这束光线发生了全反射，反射光从另一个侧面射出来。

全反射棱镜能让光线转一个90°角，也可以让光线转一个180°角，很像一面镜子一样，可是这是一面没有镀银面的镜子，所以它不怕潮湿。另外，它在反射光的时候光的损失也很少，更没有平面镜多次反射形成很多个像的毛病。因为有这些优点，在科学研究中常用它代替平面镜来改变光的方向。

钻石之所以光彩夺目，也是由于光的全反射。钻石是非常珍贵的宝石，它又叫金刚石。天然金刚石并不都是非常美丽的，必须经过人的加工，才能光彩夺目。

知识点

全反射棱镜

横截面是等腰直角三角形的棱镜叫全反射棱镜。从仪器发出的测距光束会随其通过的距离增大而出现扩大光束。在采用一个反射棱镜时,仪器接收到的返回光量会减弱。实际应用中在进行长距离测量时使用多个反射棱镜。常用的棱镜有:单棱镜;三棱镜;九棱镜;简易棱镜;标杆单棱镜等。

延伸阅读

硬币为何消失

在桌子上放一枚硬币,取一个玻璃杯,把里面盛满水,然后把玻璃杯压在硬币上,这时候,从杯子的侧面看去,大家会发现,硬币不见了。谁也没有把它拿走,但是从杯口向下望的时候。硬币还好好地放在那里。

然后,给玻璃杯底沾上一些水,重做这个实验。这一回,大家一定会惊奇地发现:这个魔术不灵了,透过玻璃杯的侧壁,总能看到一个闪亮的硬币。这是怎么回事呢?

利用光的全反射现象可以解释这个有趣的实验。光从空气经玻璃杯底进入水里的时候发生了折射,因为是从光疏媒质进入光密媒质,所以折射光线全都向法线方向靠拢。这使得大部分光线以很大的入射角射向杯子的侧壁,因而发生了全反射。反射的光线又折回水中,从杯口射出,因此从杯子的侧面看不到硬币,而由杯口向下望去,硬币还好好地放在那里。

做这个实验,应该用口比底大的玻璃怀,而不要用上下一般大的玻璃杯。为什么要这样做,你可以根据光的折射定律想一想。

杯底和硬币之间沾有水以后,情况就变了:

硬币射出的光线从水中穿过杯底再进入杯子里的水中。这种情况下,杯底可以看成是一块平板玻璃,它的上下都是水,光线通过它的时候方向不变。这样,硬币射出的光线到达杯子的侧壁上的时候,一部分光线入射角并不很大,当然不满足全反射条件,这些光线从侧壁上透射出来使你看到杯底下的硬币。

有趣的是,如果硬币只有一部分沾上水,而另一部分没有沾上水,那么你就只能看到沾水的一部分。

特殊灯的光学原理

在德国慕尼黑市的郊区有一条高速公路。人们乘坐的汽车在这条公路上高速奔驰,可是看不见公路上有任何路灯照明。突然车灯亮了,发出两道白光,与此同时,公路两旁的两排路灯也发出耀眼的光芒,左边一排为单灯,右边一排为双灯,照亮了公路的路面和走向,蜿蜒弯曲伸向远方。往后看,不见一盏标灯。往前看,前方的标灯相对于汽车在迅速移动,车一靠近便逐次熄灭,隐没在昏暗的夜色之中。这情景发生在刹那之间,令人叫绝。这其中有什么奥妙呢?

如果你走到路标跟前仔细观察,就会发现,路标是一个高不过 1 米、宽不过 10 厘米的方形水泥桩,它的正面偏上方有一个高约 10 厘米、宽约 3 厘米的浅槽,内镶一块有机玻璃,外面既无电源线,内部也看不见灯泡之类的发光设备。再仔细看这块有机玻璃,它的外表面平滑光洁,内表面却布满了六角蜂房状花纹,原来是个回光镜。

反光镜

由于回光镜的外表面是平面,而内表面由整齐排列的正立方微棱镜构成,所以回光镜与反射镜不同。

反射镜可以改变光线的方向,也可以使光线按原路返回,这时入射光必须垂直于镜面。而回光镜的每个微棱镜都有 3 个互相垂直的平面可以反射光,光线由平面入射,经过3个互相垂直的平面反射后按原路返回，这是回光镜的第一个特点。

当入射角增大到棱面上的入射角小于临界角，该棱面不能产生全反射，光能损耗很大，形成盲区，这是回光镜的第二个特点。

当入射角继续增大，入射光可能与3个棱面之一平行，这时光线只在两个互相垂直的平面上产生反射，形成回光的极强区，这是回光镜的第三个特点。

正是因为回光镜有以上3个特点，因此，它作为路标代替路灯，当汽车的前灯打开时，灯光照射到回光镜上，再由回光镜将灯光反射回来，就如同无源路灯自身"发光"一样。这样既照亮了路面、车辆，而又节省能源。

影子是怎样形成的？从光源发出的光沿直线向前传播，投射到不透明物体上，就会形成阴影。

假如把一个圆形笔筒放在桌子上，在旁边点燃一支蜡烛，笔筒就会投下一个清晰的影子。如果在笔筒的旁边点燃两支蜡烛，每支蜡烛通过笔筒都可形成一个阴影，两个阴影相叠而不重合。

在两个阴影相叠的锥形部分，完全没有光线射到这里，是全黑的，这就是本影。在本影旁边，只有一支蜡烛可以照到的地方就是半明半暗的，这就是半影。如果在笔筒旁边点燃的蜡烛是三支、四支……本影部分就会

无影灯

逐渐减小，而半影部分也会出现很多层次，越是离开本影区变得越淡，最外边的半影几乎淡得分不清了。如果笔筒周围点上一圈蜡烛，那就再也没有光照不到的地方了，这时，本影完全消失，而半影部分也淡得看不见了。

无影灯就是根据这个原理设计的。把高发光强度的光源在很大的灯盘上圆形地排列起来，灯光从不同的角度照射下来，下面就能产生无影的效果。医生做起手术来，就可操作自如了。

半透明材料灯罩的好处：

台灯的灯罩可使灯泡向四周散射的光线重新进行分配，避免灯丝对人眼产生眩光。这与制作灯罩的材料有关。

用不透明材料制成的台灯灯罩，会使桌面上的亮度很大，灯具四周的亮度很小，形成一个强烈的明暗对比。而人眼的视野较大，两眼平视时，在以两眼为中心左右180°、上下120°范围内的景物，都能反映到我们的视觉中来。当眼睛注意着灯下明亮的物体时，灯具两侧的黑暗部分也能进入视觉，强烈的明暗对比会很快引起视觉疲劳。

灯罩造成的黑暗阴影，也易使人产生一种压抑、沉闷的感觉。用半透明材料制成的灯罩，一部分光线能透进灯罩均匀地射向四周。灯下与灯具四周的亮度对比不会太大，使人感到光线柔和、视觉舒适，也不易引起视觉疲劳。所以，台灯灯罩最好用半透明材料制作。

台　灯

知识点

反射镜

反射镜是一种利用反射定律工作的光学元件。反射镜按形状可分为平面反射镜、球面反射镜和非球面反射镜3种；按反射程度，可分成全反反射镜和半透半反反射镜（又名分束镜）。

过去制造反射镜时，常常在玻璃上镀银，近年来它的制作标准工艺是：在高度抛光的衬底上真空蒸铝后，再镀上一氧化硅或氟化镁，特殊应用中，由于金属引起损失可由多层介质膜代替。因反射定律与光的频率无关，此种元件工作频带很宽，可达可见光频谱的紫外区和红外区，所以它的应用范围越来越广。

手术无影灯的发展

手术无影灯的发展经历了由多孔灯、单反射无影灯、多级聚焦无影灯、LED 手术无影灯等。

传统的多孔无影灯，主要是通过多个光源实现无影效果的；单反射无影灯，其特点是照度高，可聚焦。

目前国外较流行的还有多孔多聚焦手术无影灯，这是目前较高端的手术无影灯。此外，目前正在日益成熟的 LED 手术无影灯以其绚丽的造型，长久的使用寿命和天然的冷光效果以及节能概念逐渐走入人们的视野中，是目前最为引人注目的行业热点。

光线能弯曲吗

1870 年，有一天，英国物理学家丁达尔在英国皇家学会的演讲厅里讲解光的全反射现象，他设计了一个著名的实验。

在这个实验中，人们惊讶地看到，发光的水从水箱的小孔中流出来，水流弯曲光线也跟着弯曲。光线好像陷在水里一样。这是真的吗？光线真能弯曲吗？光线不是沿直线前行的吗？

现在让我们来重复一下他的实验，好帮助大家解开这个疑问。

找一个玻璃果酱瓶，这种瓶子要有一个可以旋得很紧的铁盖。在盖子的中心，钻一个较大的洞，在旁边再钻一个较小的洞。在瓶外卷上一层牛皮纸，纸筒要比瓶子长一倍，这样就可以在瓶子的后面放上一个手电筒，而光线不会露出来。在瓶子里灌满水。使屋子变暗，让瓶中流出的水向下弯曲，流进水盆。打开手电筒以后，把手指放在洞口附近的水流里，你可以看到手指被照亮了；然后沿着水流移动手指，你会发现手指虽然顺着水流拐了一个弯，但是光线始终照亮你的手指。

光线确实沿着弯曲的水流前进了。

神奇的光

如果在瓶中滴几滴牛奶或豆浆，使水变成乳浊液，你就会看到一道发亮的水流从瓶口流向水盆。

表面上看来，光好像走着弯路，但是事实上光线还是直线前进的。由于光在弯曲的水流的内表面上发生了多次全反射，于是我们就觉得光的行进路线也是弯曲的。利用弯曲的玻璃棒和塑料棒也可以做这样的实验。

取一个玻璃盘（或一个玻璃烟缸）。用手电筒的光来照射玻璃盘的上边。进入玻璃内的光线，由于在玻璃内部不断地反射而沿着弯曲的玻璃前进，最后从玻璃盘的另一边透射出来。你如果从玻璃盘的下边望去就能看到明亮的光斑。这些光斑就是手电筒的光沿着弯曲的玻璃传过来的。

根据这个道理可以制成一种灯，这种灯装有很长的塑料棒。塑料棒把光线送到牙痛病人的口腔内，便于大夫检查病人的牙齿。

丁达尔的实验在当时只有一些简单的应用，例如：利用它，商人可以做一些新奇的广告。近年来，由于科学技术的发展，一种透明度很高、粗细像蛛丝一样的玻璃丝已经制成了，我们称之为玻璃纤维。光线在这些玻璃纤维中也像在水流中一样曲折前进。因此，人们也把专门用来传送光线的玻璃纤维叫做光学纤维。有了光学纤维，丁达尔的实验才获得了极其广泛的应用。

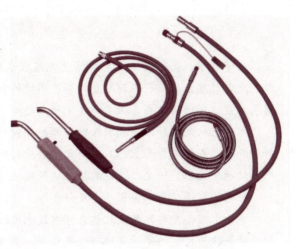

光学纤维

现在，利用光学纤维已经制成了用于检查胃、示管、十二指肠，甚至心脏的内窥镜。并且可以直接拍摄内脏的彩色影片，供医生诊断之用。医生还可以通过光学纤维导入大功率的激光，切除内脏上的小型肿瘤。

光顺着光学纤维传播，非常听话，它使我们想起顺着电线流动着的电流。确实，光学纤维还可以代替电话线，用来传递消息。

用光学纤维传递消息，甚至比金属制成的电话线更优越。一对金属电话线至多只能同时传送1 000多路电话，而根据理论计算，一对细如蛛丝的玻璃纤维可以同时通100亿路电话。

光纤通讯使用的材料来源广泛，1千克超纯玻璃就可以代替十几吨到几百吨铜。光纤通讯还具有保密性好，不受干扰等优点。当然"光纤通讯"在技术上还有很多问题需要解决，但是不久的将来一定会出现一个全新的"光纤通讯"时代。

知识点

光学纤维

光学纤维，是利用全反射规律使光线在透明纤维中传播的一种光学器件。光学纤维由玻璃、石英或塑料等透明材料制成核芯，外面有低折射率的透明包皮。直径通常在几微米到几十微米之间。

入射光从光学纤维一端射入时，那些入射角较小的光线进入纤维后，在纤维的核芯－包皮界面上的入射角大于全反射的临界角，因而光线在纤维内作连续的全反射，使光以最低的损耗从纤维一端传输到另一端。

纤维的有限弯曲不会影响全反射条件，故传输效率不受影响。

成千上万条光学纤维捆扎起来可有效地传输光能，常用作特殊照明。只以传输光能为目的的光学纤维可混乱排列。若将光学纤维排成有序的阵列，输入端与输出端一一对应，就可直接用来传输图像。

延伸阅读

"光纤之父"——高锟

光纤是人类最重要的发明之一。光纤电缆以玻璃作介质代替铜，使一根头发般细小的光纤，其传输的信息量相当于一张饭桌般粗大的铜"线"。它彻底改变了人类通讯的模式，为目前的信息高速公路奠定了基础，使"用一条电话线传送一套电影"的幻想成为现实。发明光纤电缆的，就是被誉为"光纤之父"的华人科学家高锟。

高锟1933年生于上海，父亲是位律师，家住在当时的法租界。他小学时代是在上海度过的。童年的高锟对化学最感兴趣，他曾经自己制造过灭火筒、焰火、烟花。后来他又迷上了无线电。

1948年，他们举家迁往香港。高锟先是入读圣约瑟书院，后来曾考入香港大学。但当时的高锟已立志攻读电机工程，而港大没有这个专业，于是他辗转就读了伦敦大学。毕业后，他加入英国国际电话电报公司ITT任工程师，因表现出色被聘为研究实验室的研究员，同时攻读伦敦大学的博士学位，1967年毕业。

1966年，高锟提出了用玻璃代替铜线的大胆设想：利用玻璃清澈、透明的性质，使用光来传送信号。他当时的出发点是想改善传统的通讯系统，使它传输的信息量更多、速度更快。对这个设想，许多人都认为匪夷所思。但高锟经过理论研究，充分论证了光导纤维的可行性。不过，他为寻找那种"没有杂质的玻璃"也费尽周折。为此，他去过许多玻璃工厂，到过美国的贝尔实验室及日本、德国，跟人们讨论玻璃的制法。那段时间，他遭受到许多人的嘲笑，说世界上并不存在没有杂质的玻璃。但高锟的信心并没有丝毫的动摇。他说：所有的科学家都应该固执，都要觉得自己是对的，否则不会成功。

后来，他发明了石英玻璃，制造出世界上第一根光导纤维，使科学界大为震惊。

高锟的发明使信息高速公路在全球迅猛发展，这是他始料不及的。他因此获得了巨大的世界性声誉，被冠以"光纤之父"的称号。

美国耶鲁大学校长在授予他"荣誉科学博士学位"的仪式上说："你的发明改变了世界通讯模式，为信息高速公路奠下基石。把光与玻璃结合后，影像传送、电话和电脑有了极大的发展……"

高锟此后几乎每年都获得国际性大奖，但由于专利权是属于雇用他的英国公司的，他并没有从中得到很多的财富。中国传统文化影响极深的高锟，以一种近乎老庄哲学的态度说："我的发明确有成就，是我的运气，我应该心满意足了。"

高锟离开英国后，1987年担任香港中文大学校长，1996年退休。

肥皂泡中的光学知识

你小时候一定不止一次地吹过肥皂泡,当肥皂泡像氢气球一样在你身边飞舞的肘候,你有没有注意过它上面有变幻不定的奇异色彩?不要以为吹肥皂泡不过是小游戏,一个小小肥皂泡中所包含的物理知识足够写一本书。

现在让我们来研究一下肥皂泡上为什么会出现颜色。

在一个清洁的玻璃杯中倒入一些煮开过的温水,放入一小撮洗衣粉,然后用干净的小棍不断地搅拌,直到洗衣粉完全溶解为止(注意洗衣粉不要放得太多)。为了使肥皂膜更结实一些,可以掺进一点糖或甘油。肥皂水搅拌好以后放置一会儿,就可以用来吹肥皂泡了。但是我们的目的不是要吹肥皂泡,因为肥皂泡总是飘忽不定的,不便于观察。我们的目的是要用这种肥皂水制造一个肥皂膜。

怎样制造肥皂膜呢?

用一个瓶口较大的瓶子,或用硬塑料电线弯成一个圆圈,在肥皂水中浸一下,这样,就在瓶口或圆圈上挂上了一层薄膜。把瓶口慢慢地转向自己,就会看到肥皂膜像镜子一样闪闪发亮,反射着天空射来的光(不是太阳直接射来

肥皂泡

的光，而是天空的散射光）。只要你注意观察，你准会在肥皂膜上看见一条条彩色光带。肥皂膜本身没有颜色，那么，这些颜色是哪里来的呢？

是由肥皂膜的前后表面反射回来的两组光波相遇后形成的。光波像水波一样也有波峰和波谷。当波峰和波峰相遇的时候。波峰就会加强（波谷和波谷相遇的时候也是一样），加强的地方就显得明亮，反之当波峰和波谷相遇的时候就会互相削减。

大家都知道，照在肥皂膜上的白光是由各种不同波长的单色光波组成的。在薄膜上，哪些波长的光波会加强，哪些波长的光波会相互削弱，这和薄膜的厚度有密切的关系。由于竖立着的肥皂膜上的肥皂水慢慢地向下流动，形成下部厚、上部薄的一层薄膜。如果在某一部分，膜的厚度恰好使它的前后表面反射回来的两组红光相互抵消了，在这个地方看到的就是失去了红光的白光，看上去就是蓝绿色。而在另一部分，由于膜的厚度改变了，相互抵消的就是另一种光波，呈现出来的就是另外一种颜色。

肥皂膜就是这样把白光分解开来。这种现象叫做光的干涉现象，形成的颜色叫做干涉色。

肥皂膜上的彩色条纹为什么基本上是水平的呢？这是由于肥皂膜在同一水平线上厚度相同，厚度相同的地方，由干涉现象产生的颜色也相同。

这件事情启发我们：是不是可以利用干涉条纹来测量物体的厚度呢？

可以。例如：在制作光学仪器的时候，常常需要磨制一块十分平滑的平面玻璃，它的偏差不准逾过万分之一毫米。这样小的误差用普通的量具是测量不出来的。但是利用光的干涉原理就可以轻而易举地完成这个任务。

检验的时候，要用一个精度极高的透明检验样板，和被检验的平面玻璃紧紧叠合在一起。它们中间有一个极薄的空气膜，在有光照射的时候，空气膜就会产生类似肥皂膜上的干涉条纹。如果被检验的玻璃板非常平滑，就会产生一组笔直的互相平行的干涉条纹，而表面不规则就会产生不规则的干涉条纹。根据这种方法就可以断定成品是不是合格。

在自然界里有许多光的干涉现象，可以供我们直接观察，但是人们往往对周围发生的现象不注意，也不爱问个为什么，所以放过了许多观察的机会。现在让我们举几个例子。

下雨以后，马路上会出现一些积水。如果有汽车排出的废油滴在水面上，形成一个极薄的油膜，油膜上就会出现环状彩色条纹。油膜上的不同颜色是由它的不同厚度决定的。由于油膜厚度不均匀，所以它就构成了一幅光怪陆离的复杂图案。

在玻璃窗上有时候也能够看到五彩斑斓的颜色，这是因为，某些物质挥发的蒸气在玻璃窗上凝结成了一层透明的薄膜，在这个薄膜上，光也能发生干涉现象。

知识点

薄膜干涉的两种典型形式

等倾干涉和等厚干涉是薄膜干涉的两种典型形式。

等厚干涉，这是由平行光入射到厚度变化均匀、折射率均匀的薄膜上、下表面而形成的干涉条纹，薄膜厚度相同的地方形成同条干涉条纹，故称等厚干涉。

等倾干涉，当不同倾角的光入射到折射率均匀、上、下表面平行的薄膜上时，同一倾角的光经上、下表面反射（或折射）后相遇形成同一条干涉条纹，不同的干涉明纹或暗纹对应不同的倾角，这种干涉称作等倾干涉。

延伸阅读

著名的干涉实验：双缝实验

双缝实验，是著名的光学实验。1807年，托马斯·杨总结出版了他的《自然哲学讲义》，里面综合整理了他在光学方面的工作，并在里面第一次描述了双缝实验：

把一支蜡烛放在一张开了一个小孔的纸前面，这样就形成了一个点光源（从一个点发出的光源）。现在在纸后面再放一张纸，不同的是第二张纸上开了两道平行的狭缝。从小孔中射出的光穿过两道狭缝投到屏幕上，就会形成一系列明、暗交替的条纹，这就是现在众人皆知的双缝干涉条纹。

后来的历史证明，这个实验完全可以跻身于物理学史上最经典的前5个实验之列。杨的著作点燃了革命的导火索,光的波动说在经过了百年的沉寂之后,终于又回到了历史舞台上来。

有趣的圆盘衍射

"光是直线传播的吗?"要是向你提出这样的问题,你一定会感到奇怪。这还用怀疑吗?"光沿直线传播"算是最普通的生活常识了,影子的形成正是由于光的这种性质导致的。

影子的问题果真这样简单吗?科学家们对这个问题却不像我们那样粗心。因为常常在最简单的问题里,孕育着重大的发现。在科学发展的历史上,这种例子可不算少。

远在300多年前,意大利有一个叫格里马弟的数学教授,他察觉到物体的影子常常有一个彩色的边缘,他还发现物体影子的实际大小和假定光按直线传播应该有的大小不相同,这些现象使他对光的直线传播发生了怀疑。如果光在遇到障碍的时候,不改变直线前进的性质,那么影子的边缘应该是清晰的,影子为什么会出现彩色的边缘呢?这只能用光在这些地方发生了弯曲来解释。

格里马弟观察到的现象,并不是罕见的,只要你注意观察,在日常生活中也能看到类似的现象。在以后的实验中我们将介绍一些观察的方法。现在让我们先举一个最明显的例子。

在山区看过日落或日出的人,差不多都看到过这样的现象。当太阳刚刚没入山脊的时候,如果站在山头的阴影中观看山顶上的树木,会发现树木的边缘常常镶着一道亮边,这道亮边放射着耀眼的光芒,而出现在天边的一些小鸟或其他的小东西也变成一个个耀眼的亮点。

为什么人已经站在山头的阴影区内,还能看到耀眼的阳光呢?这是由于阳光在经过树木或其他障碍物的边缘的时候,一部分光线发生了弯曲,改变了前进的方向,进入山头的阴影区。这些光线都是来自物体的边缘,所以树木等物体好像镶上一个明亮的银边。

光在遇到障碍物的时候,在它的边缘上发生弯曲的现象叫做光的绕射,也叫光的衍射。不过光的弯曲是极其微小的,因此在日常生活中,不太引人注意。可是在下面这个简单的实验中,你可以清楚地看到这种绕射现象。

在一个放大镜上,用毛笔点上几个小圆墨点(墨点的直径是1~2毫米),

关掉房间里所有的灯。把一个手电筒构反光罩取下来，或把黑纸剪成漏斗形遮在反光罩上，只露出小电珠来。把手电筒放在一个较高的桌子上面，开亮小电珠。

然后，你走到房间另一边的一张桌子旁，把你的肘支在桌面上，以便保持稳定。拿手蒙住一只眼睛，用另一只眼睛透过放大镜观察手电筒发出的亮光（有墨点的一面应该向着手电筒的光）。然后慢慢前后移动放大镜，你一定可以找到这样一个位置。

这时候，放大镜整个镜面看上去都被光照得很亮。仔细地观察在光亮背景衬托下的小墨点，你一定会吃惊地发观，每个墨点中间都有一个亮点，好像墨点透明了一样，而在墨点的周围是一些明暗相间的环。这说明光在墨点周围发生了弯曲。在墨点的正中心能看到亮点就是因为光绕到了那里。这个实验称作圆盘衍射实验。

还可以再来做一个实验：在透镜上用胶布粘上一根钉子和一枚针，实验方法和上一个一样。观察的时候，钉子和针所在的那一面要对着手电筒的光。调好透镜位置以后，你会在明亮的背景衬托下，看到在针和钉子的影子四周出现了彩色的阴影条纹。这种复杂的影子正说明了光确实在物体的边缘发生了弯曲。

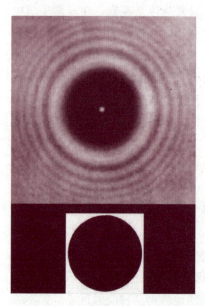

圆盘衍射图

圆盘衍射现象，最初不是通过实验观察到的，而是从理论推出来的。有趣的是，这个结论最初是为了反对光的波动说而提出来的。

反对者说，如果承认光的波动性，根据光的波动理论：光经过一个圆形障碍物衍射后，就应该在影子的正中心出现一个亮点。这种情况究竟会不会出现呢？许多科学家根据生活常识认为不可能出现，并且以此来反对光的波动说。有一位科学家却通过实验看到了这个现象，这个惊人的结果有力地支持了光的波动学说。

对光的波动说做出较大贡献的人是法国物理学家菲涅耳，他建立了光的衍射理论，圆满地解释了许多光学现象。光的衍射理论比较复杂，在这里我们只是把光波和声波类比来说明一下光的绕射现象是怎么产生的。

利用声波可以做这样一个实验，在一堵高大的墙下，你如果靠近墙壁发出一个喊声，这时候站在墙那边的人一般不会听到喊声。因为墙壁把声波阻挡住了；如果站得离墙远一些，或者墙矮一些，这时候声波就会绕过墙壁，使墙那边的人听到你的声音。这是声波的绕射现象。

知识点

关于光的学说

在 1704 年出版的《光学》一书中，牛顿认为光是从发光体发出的而且以一定速度向空间直线传播的微粒。这种看法被称为微粒说。

牛顿用弹性小球撞击平面时发生反弹现象的类比，来解释光的反射现象，当光从空气进入透明介质时，由于介质对光微粒的吸引，使它们的速度发生变化，即造成光的折射。

按这种解释，应该假设介质中的光速大于真空中的光速。当时，人们不能用实验方法测出光速，又因牛顿的威望，这种学说在 18 世纪取得了统治地位。

荷兰物理学家惠更斯在 1678 年写成的《光论》一书中，从光与声的某些相似性出发，认为光是在"以太"介质中传播的球面纵波。"以太"是一种假想的弹性介质，充满整个宇宙空间，这就是惠更斯的波动说。

这种学说认为光是某种振动，以波的形式在"以太"介质中的传播。按此学说解释光的折射时要假设介质中的光速小于真空中的光速。惠更斯成功地推导出了光的反射和折射定律。但是，"以太"这种连续弹性介质，难以想象，给波动说本身造成了不可克服的困难。

直到 19 世纪初，人们发现了光的干涉、衍射，从而波动说得到很大发展。19 世纪末，又发现了波动说不能解释的新现象——光电效应，证实了光的确又具有粒子性。人们终于认识到了光的本性——光具有波粒二象性。

"物理光学的缔造者"菲涅耳

1803年,托马斯·杨提出了光的干涉效应。但是,并没有得到物理学界的普遍承认。而菲涅耳在1815—1816年期间所做的光的衍射实验,却用无可辩驳的事实,使人们不得不相信光确实是一种波动。虽然他不是第一个提出光的波动理论的人,但是,由于他的出色实验,人们都认为他是光波动说的奠基者。

菲涅耳,法国土木工程师兼物理学家。1788年5月10日生于诺曼底省的布罗意城。1806年毕业于巴黎工艺学院,1809年又毕业于巴黎路桥学院。大学毕业后的一段时期,菲涅耳倾注全力于建筑工程。从1814年起,他明显地将注意力转移到光的研究上。

菲涅耳在1815年底第一次向法兰西科学院报告自己关于光的衍射实验的成果时,遭到了当时一些著名科学家拉普拉斯、毕奥、泊松等人的激烈批评。后来,菲涅耳用波动说对衍射现象作出了清楚的解释,使人们不得不相信光是一种传播的波。

1818年法国科学院举行一次关于光衍射现象理论和实验研究的论文竞赛。菲涅耳递交了一篇论文。泊松发现菲涅耳理论有一个奇怪的结果——在圆形阻挡物的阴影中心应有一个亮点,这个结果似乎是荒谬的。但实验时,阴影中心确有一个亮点!菲涅耳获得了"论文桂冠"奖。

菲涅耳在1823年被选为法国科学院院士。1825年被选为英国皇家学会会员。1827年因肺病卒于巴黎附近的阿弗雷城,那时他年仅39岁。由于他在光学方面的卓越贡献,就在他去世的前几天,他获得了英国皇家学会的伦福德勋章。

菲涅耳的科学成就主要有两方面:

1. 衍射方面:他以惠更斯原理和干涉原理为基础,用新的定量形式建立了以他们的姓氏命名的惠更斯-菲涅耳原理。他的实验具有很强的直观性、明锐性,很多现在仍通行的实验和光学元件都冠有菲涅耳的姓氏,如:双面镜干涉、波带片、菲涅耳镜、圆孔衍射等。

2. 偏振方面：他与阿喇戈一起研究了偏振光的干涉，肯定了光是横波（1821）；他发现了圆偏振光和椭圆偏振光（1823），用波动说解释了偏振面的旋转；他推出了反射定律和折射定律的定量规律，即菲涅耳公式；解释马吕斯的反射光偏振现象和双折射现象，从而建立了晶体光学的基础。

菲涅耳的研究成果，标志着光学进入了一个新时期——弹性以太光学的时期，他也被人们称为"物理光学的缔造者"。

探究"峨眉宝光"的成因

在我国的四川省，有一座秀丽而又雄伟的峨眉山。峨眉山上有一个引人入胜的奇景，叫做"峨眉宝光"。当游客们登上金顶峰从舍身崖远眺的时候，有时候会看到对面云层中出现一个巨大的彩色光环。环的最外圈是红色，从外圈到内圈，依次是橙、黄、绿、蓝、靛、紫，排列的次序和天上的彩虹一样。有时候还可以看到好几道这样的彩环。因为它有些像佛像上的光圈，所以又有人称之为"佛光"。

这是一种世界上稀有的空中奇景，是峨眉山的特殊的地理和气候条件造成的。类似的景象在其他的地方，例如我国的黄山、德国的布劳甘山，有时候也会出现。过去，布劳甘山的居民不了解其中的科学道理，十分害怕这奇怪的现象，认为是山中的幽灵显影，因此把这种现象称作"布劳甘幽灵"。

想看峨眉宝光的人非常多，但是，并不是人人都有机会去一趟四川，而且，即使登上峨眉山的顶峰，也不一定每个人都能幸运地遇上宝光。还是让我们在家里做一个实验，自己动手，制造一个类似"宝光"的奇景来欣赏一番吧！

使屋子变暗，站在距离镜子大约 1～2 米远的地方，把一块尼龙纱巾蒙在头上。把手电筒举到和头一样高的位置，向镜子照去。你会在镜子中看到手电筒的像。你的眼睛正对着手电筒的光束，这时候，在手电筒光束的周围，会看到一个一个彩色的光环，每一个都是由 7 种颜色组成的；由外向里，按着光谱的顺序依次排列，不过是以红黄为主。你能看到四五个这样的彩环，而且正好环绕在镜中你的头像的周围，好像一圈圈的佛光一样。平时有的同学蒙着纱巾观看远处的灯光，有时候也会在灯光的周围看到彩色光环。

你在镜子中看到的光环和峨眉宝光的成因非常类似。它们都是光线遇到微小的障碍物（尼龙丝或小水滴）以后发生的绕射现象。不同颜色的光，波长不同，在绕过微小障碍物的时候，弯曲度不同，所以各色光就分散开来形成一个光环。

峨眉山有着特殊的地理环境，在那里，空气非常潮湿。峨眉主光的形成和这些浓密的水滴分不开。在舍身崖下常常像海浪一样布满多层云雾，这叫"海底云"，而云层上面则是万里晴空。当强烈的阳光照射在一片浓密的云雾上面的时候，这片云雾就会像镜子一样反射阳光。反射的光线穿过另一片云雾中的小水滴，便发生衍射，形成光环。

在我们的实验中，镜子就相当于反射阳光的云雾，尼龙纱巾中的细丝就相当于另一片云雾中的小水滴（注：峨眉宝光的成因比较复杂，它是地球物理研究项目之一，科学家们作了多种解释，这里介绍的只是其中的一种）。

这个实验还可以用另一种方法来做，用一团棉花沾上一些爽身粉，然后在一面小镜子上，轻轻地、均匀地拍打。镜子的表面就会沾上一层薄薄的爽身粉。

使屋子变暗，并把镜子放在地板上。打开手电筒，把它举在你的额头前，让手电筒的光束向下正对着镜子。在镜子中就能看到手电筒的像。像的周围有一条一条美丽的彩带。

在这个实验中引起光衍射的障碍物是微小的粉粒，如果镜面上蒙有灰尘，或者在镜子上面呵一口气，用上面说的方法也可以看到类似的彩环。彩环的直径和镜面上小颗粒的大小有密切的关系：颗粒直径越小，彩环的直径越大。

知识点

峨眉山

峨眉山位于我国四川峨眉山市境内，景区面积154平方千米，最高峰万佛顶海拔3099米。地势陡峭，风景秀丽，有"秀甲天下"之美誉。气候多样，植被丰富，共有3000多种植物，其中包括世界上稀有的树种。山路沿途有较多猴群，常结队向游人讨食，成为峨眉一大特色。

同时，峨眉山还是中国四大佛教名山之一，有寺庙约26座，重要的有八大寺庙，佛事频繁。1996年12月6日，峨眉山乐山大佛作为文化与自然双重遗产被联合国教科文组织列入世界遗产名录。

延伸阅读

日华和月华

和峨眉宝光成因相似的自然现象还有日华和月华。

在夜晚,当月亮被一片极薄的云彩遮住的时候,你往往能看到在月亮周围出现一圈美丽的环形彩带,我们把它叫做月华。白天在太阳的周围也可能出现华,这种华我们叫做日华。华的成因跟这个实验原理类似。

华多数是高积云的产物。是光线通过云里水滴或小冰晶的时候产生衍射而形成的。当光线通过云里小水滴和小冰晶的时候也发生衍射,产生了彩色的光环——华。

华的大小、清晰程度跟云的结构有关。云厚的时候,衍射光线不容易通过,华不容易产生;云薄的时候,人们容易看到华。如果云里水滴、冰晶的大小比较一致,华环就比较完整;如果水滴、冰晶大小不一致,华环也不规则,有的部分看不出来。

华环大小与云里水滴、冰晶的大小成反比:水滴、冰晶越大,华环直径越小;水滴、冰晶越小,华环直径越大。根据华环直径的变化,可以预测天气。如果华环逐渐扩大,表明云里水滴、冰晶因为蒸发而在变小,所以不会下雨,或者晴天即将来临。如果华环直径在缩小,表明云里水滴、冰晶在逐渐增大,云层逐渐增厚,天气将转阴雨。民谚说:"大华晴,小华雨。"

日　华

显微镜的原理

显微镜可以帮助我们看清楚肉眼看不见的东西。显微镜的种类很多，构造也很复杂，我们自己是做不出来的。但是，如果要了解显微镜的基本原理，只要有一只放大镜和一滴水就可以了。

你一定很熟悉放大镜。在使用放大镜的时候，被观察的物体应该距离透镜很近，也就是说，物体应该放在透镜和它的焦点之间。这样，你才能通过透镜看到一个正立、放大而清晰的虚像。

一般的放大镜可以把物体放大两三倍，有的放大镜能把物体放大二三十倍。放大镜的放大倍数和它的焦距有密切的关系：焦距越短，放大倍数越大。焦距短，镜面的凸度就必需大。凸度很大的透镜是不容易磨得很准确的，所以这种凸透镜不太容易找到。其实，一个小小的透明的水滴就是一个凸度很大的透镜。小水滴很容易得到，自己就能制造，你不妨用水滴试一下。

在桌子上放两支铅笔，它们之间的距离约为4厘米。在两支铅笔下面铺上一张钞票做我们观察的对象。把一块无色透明的塑料薄膜盖在铅笔上。拿一支干净的毛笔沾一些水，小心地把一个水滴滴在塑料薄膜上（水滴的直径约为4~5毫米）。它就是一个放大镜。

透过水滴可以看到钞票上的一些细小的图案都被放得很大，这说明水滴是一个放大倍数很高的透镜。

水滴的直径越小，凸度就越大。你可以在透明的塑料薄膜上，分别滴上几个直径不一样的水滴，来看看放大倍数和透镜的凸度的关系。不过，利用大小不同的水滴观察物体的时候，还要注意分别调节水滴和桌面的距离。水滴越小，离桌面越要近一些。

既然透镜的凸度越大，放大倍数也越大，那么，为了提高放大倍数，是不是可以任意增加凸度呢？

放大镜

不行，你如果细心地观察一下，就会发现，凸度很大的水滴，虽然放大倍数大，但是存在着3个缺点：

第一，观察到的像大大走了样。

第二，凸度越大，"透镜"就越要靠近被观察的东西，实际上不容易做得到。

第三，凸度越大，能看清楚的范围就越小，被观察的物体，只有中间一小块能够看得很清楚，旁边的都很模糊。

看来，用增加凸度的办法是不行了。有没有更好的办法呢？

17世纪初，荷兰有一位制造眼镜的工人发现，把两块放大镜按一定距离排列在一起，比一块放大镜的放大率要大好多倍。这就是世界上第一台显微镜。

这个发明现在看起来，好像很简单，可是在科学发展史上却是了不起的。正是由于这个看来简单的发明，科学家们才找到了提高倍数的道路。以后，又经过许多科学家的努力，人们终于有了能把物体放大几百倍和几千倍的光学显微镜。

显微镜中最基本的构件有两个，一个是靠近被观察物体的那面凸透镜，叫做物镜；另一个是靠近观察者眼睛的那面凸透镜，叫做目镜。现在，我们用水滴当做物镜，用一只放大镜当做目镜，来做一个简单的显微镜。

水滴做物镜跟做放大镜不同，它应该离被观察的物体远一些。这时候应该把承载水滴的塑料薄膜支高一点。可以放在两个平放的火柴盒上，离桌面大约15毫米。水滴的直径仍然是4～5毫米。为了尽快地找好目镜和物镜的合适距离，先在火柴盒下铺上一张白纸，在纸上画一个极小的箭头，作为你的观察对象。

透过这个小水滴，应该看到一个和原来方向相反的放大了的箭头（如果不是这样，就要调整水滴跟桌面的距离，或者改变水滴的直径）。这是一个被水滴放大了的实像。然后你再用一只放大镜来观察水滴。刚开始，你可能

显微镜

什么也看不清，不要着急，慢慢改变那只放大镜和水滴之间的距离，你就能找到一个合适的位置，看到一个清晰的被放得很大的箭头（和纸上画的方向是相反的）。这时候，你的显微镜就算调整好了。请你注意，在整个实验过程中，要保持放大镜始终是水平的，眼睛离放大镜距离不要太近。只要有耐心，你一定可以调整好你的显微镜。

现在可以利用你的显微镜来观察一些细盐粒或花粉等小东西。你会发现，每一小粒盐都是一个正方体。还可以观察蚊子翅膀上的花纹和斑点。

做完这两个实验以后，请你想一想：在用水滴当放大镜的时候，为什么要离被观察的东西近一些，而在用水滴做显微镜的物镜的时候，又为什么要离被观察的物体远一些呢？

原来，用水滴做放大镜，被观察的东西应该放在透镜和它的焦点之间；这时候，透过水滴，你看到的是正立放大的虚像。而用水滴做物镜，被观察的东西则要放在物镜的焦点外面，通过水滴先形成一个倒立的放大了的实像，供给放大镜再放大一次。

现代光学显微镜，虽然比我们制作的显微镜复杂得多，但是它的放大原理和水滴显微镜的原理是一样的。

知识点

放 大 镜

放大镜是用来观察物体细节的简单目视光学器件，按外表分类可以分为便携式放大镜和台式放大镜。

台式放大镜就是可以固定的，下面有个底座，上面是一个放大镜，这样的放大镜主要用于长期固定看一个地方。台式放大镜的镜臂很长，有弯曲的地方，可以根据需求随意改变位置。

便携式放大镜就是前面一个圆形的放大镜后面一个手柄，主要是便于携带，便于观察。便携式放大镜还有带光源的和不带光源的，有光源的放大镜观看时有很多好处，光线保持很稳定。

光学显微镜的分类

光学显微镜有多种分类方法：按使用目镜的数目可分为双目和单目显微镜；按图像是否有立体感可分为立体视觉和非立体视觉显微镜；按观察对象可分为生物和金相显微镜等；按光学原理可分为偏光、相衬和微差干涉对比显微镜等；按光源类型可分为普通光、荧光、红外光和激光显微镜等；按接收器类型可分为目视、摄影和电视显微镜等。常用的显微镜有双目连续变倍体视显微镜、金相显微镜、偏光显微镜、紫外荧光显微镜等。

双目体视显微镜是利用双通道光路，为左右两眼提供一个具有立体感的图像。它实质上是两个单镜筒显微镜并列放置，两个镜筒的光轴构成相当于人们用双目观察一个物体时所形成的视角，以此形成三维空间的立体视觉图像。双目体视显微镜在生物、医学领域广泛用于切片操作和显微外科手术；在工业中用于微小零件和集成电路的观测、装配、检查等工作。

金相显微镜是专门用于观察金属和矿物等不透明物体金相组织的显微镜。这些不透明物体无法在普通的透射光显微镜中观察，故金相显微镜和普通显微镜的主要差别在于前者以反射光，而后者以透射光照明。在金相显微镜中照明光束从物镜方向射到被观察物体表面，被物面反射后再返回物镜成像。这种反射照明方式也广泛用于集成电路硅片的检测工作。

紫外荧光显微镜是用紫外光激发荧光来进行观察的显微镜。某些标本在可见光中觉察不到结构细节，但经过染色处理，以紫外光照射时可因荧光作用而发射可见光，形成可见的图像。这类显微镜常用于生物学和医学中。

电视显微镜和电荷耦合器显微镜是以电视摄像靶或电荷耦合器作为接收元件的显微镜。在显微镜的实像面处装入电视摄像靶或电荷耦合器取代人眼作为接收器，通过这些光电器件把光学图像转换成电信号的图像，然后对之进行尺寸检测、颗粒计数等工作。这类显微镜可以与计算机联用，这便于实现检测和信息处理的自动化，多应用于需要进行大量烦琐检测工作的场合。

扫描显微镜是成像光束能相对于物面做扫描运动的显微镜。在扫描显微镜中依靠缩小视场来保证物镜达到最高的分辨率，同时用光学或机械扫描的方法，使成像光束相对于物面在较大视场范围内进行扫描，并用信息处理技术来获得合成的大面积图像信息。这类显微镜适用于需要高分辨率的大视场图像的观测。

为什么在水里看不清东西

你在潜水的时候睁过眼睛吗？如果睁过眼睛，你会发现水里的东西模糊不清，水也好像不是透明的。

为什么眼睛在水里看不清东西呢？原来眼睛在水里看东西的时候，晶状体直接和水接触，折光能力就减弱了，无论你怎样地费力调节眼睛，视网膜上的像总是不清晰的。下面，我们用一个凸透镜代替晶状体，放到水里试一试。

在一个没有水的洗脸盆内放几枚硬币，把一只双凸的放大镜举在硬币上方（距离大约是4～5厘米）。透过放大镜可以看到被放大的硬币。

慢慢向盆中注入清水，注意保持透镜和硬币之间的距离不变。在放大镜还没有和水接触时，你观察到的情况没有什么变化，但是当放大镜没入水里后，你会发现，透镜的放大能力减弱了许多。

找一个有盖的透明玻璃瓶，在里面注满水，使它成为一个水透镜。把它横放在水盆中。起先让水瓶的一部分露在水面上，通过它观察盆底的硬币，它还有一定的放大作用；当水瓶完全没入水里以后，就像透镜施展了隐身术一样，它的放大能力就完全消失了。

这是什么缘故呢？

请你回想一下光的折射规律，就不难理解这些现象。光斜射到两种物质的界面上，光折射的程度和这两种物质的折射率有关，折射率相差越多，光折射得越厉害。空气的折射率是1，玻璃的折射率是1.5，水的折射率是1.33。可以看出，玻璃的折射率和水的折射率相差不多，而跟空气的折射率相差就比较多。所以，透镜在空气中折光能力较强，一放到水里，折光能力就大大减弱了。

同样的道理，水透镜放在水里，由于内外折射率相同，它就完全丧失放大的能力。可以想象，如果把玻璃透镜放到一种折射率和玻璃完全相同的液体（例如苯或苯胺）中，玻璃透镜的放大能力也会完全消失。

按照前面讲的道理，空气在水里也能变成透镜，我们做实验验证一下。

把一个盖严的空瓶子完全按到水里，它就成了空气做成的凸透镜。这种凸透镜和常见的玻璃凸透镜正好相反，它没有把物体放大，反而是缩小了。透过它去看盆底的硬币，硬币缩得很小，就好像离观察者远了一样。

空气凸透镜之所以如此奇特，是因为它对光线的折射作用跟玻璃透镜对光线的折射作用相反，水中的光线穿过空气凸透镜以后，不是会聚而是发散，恰好和玻璃凹透镜一样。

做了上面的实验，并且弄懂其中的道理，你就不难明白，人在水中为什么看不清东西。

晶状体中液体的折射率是1.386，和水的折射率1.329非常接近．所以晶状体和水接触后，折光能力大大减弱。水中物体通过晶状体所成的像位于视网膜的后面，所以你看不清楚它。

你也许会问，专门在水下工作的潜水员在水里是怎样看东西呢？很简单，只要戴上一个潜水面具或者一副潜水眼镜就可以了。这样一来，在眼睛和水之间就隔了一层空气。光线在进入晶状体以前，先经过了空气层，因此它又可以在晶状体内正常折射了。

鱼类当然没有什么潜水面具，但是鱼眼的晶状体长得特别凸出，简直就像一个球，凸度很大，因而折射本领就特别强，这样就抵消了被水削弱的折光能力。鱼类有这样一种特别的眼睛，所以它们在水中能够看清周围的东西。

知识点

透 镜

透镜是由透明物质（如玻璃、水晶等）制成的一种光学元件。

透镜是折射镜，其折射面是两个球面（球面一部分），或一个球面（球面一部分）一个平面的透明体。它所成的像有实像也有虚像。

透镜一般可以分为两大类：凸透镜和凹透镜。

凸透镜：中间厚，边缘薄，有双凸、平凸、凹凸三种；

凹透镜：中间薄，边缘厚，有双凹、平凹、凸凹三种。

奇妙的鱼眼

鱼眼的水晶体是圆球形的，只能看到比较近的物像，故而，所有的鱼类都是天生的近视眼，它们很少能看到12米以外的物体，因为它们眼睛的水晶体弯曲程度无法改变。

鱼类的眼睛虽然近视，但其眼睛的视野比人要广阔得多，而且它们的反应很是灵敏，钓鱼者来到水边，往往还未来得及甩下鱼钩，水里的鱼早就发现他而逃之夭夭。这是因为鱼虽然在水里看不远，但通过光线折射，它在水中看到岸上空气里的物体，鱼眼会感觉空气里的物体比实际的距离要近得多，位置也较高。故人未走近，鱼眼已感觉到人已出现在它头上了。因此，钓鱼者最好的姿势是蹲在岸边，使人体与水面保持最小的角度，这样，鱼就不易看到人了。

鱼类的眼睛一般位于头的两侧，鱼眼位置也随其体形及生活方式的变化而不同。生活在水底的扁平形的鱼，眼多生在头的背面，如鳐鱼；鲽形目的鱼由于常侧卧在水底，眼睛扭转在身体向上的一侧，因它只需防备上面的敌害和注视上面的食饵；弹涂鱼的眼睛特别向外突出，可以前后左右转动，因此它不用转动身体，也可眼观四方，这有利于它们在水面与海滩上搜索食物与侦察敌情；南美洲的河流中有一种鱼叫四眼鱼，它的眼睛不但生在头顶，而且还分成上下两部分，其上半部适宜空中视物，下半部适宜水下观察。这种鱼虽名"四眼"，实际上也只有两个眼球，只不过其结构特别奇特而已。四眼鱼平常静静停留在水面上层，两只眼睛一半露出水面，这样它就能上视空中，下瞰水底，从容地捕获水面上上下下活动的昆虫。

鱼眼一般较大，这可能与水中光线较弱影响视力有关。南海的大眼鲷的眼睛占头长的1/2，可算是鱼类中的冠军；泥鳅、黄鳝等鱼由于生活在浑浊的水底或者常常钻在泥沙里，故视觉不大重要，因此，眼睛变得很小。也有一些鱼类没有眼睛，如盲鳗，因其常钻入大鱼的腹中，眼睛已退化。

鱼类的眼睛是没有泪腺的，也没有真正的眼睑，其眼完全闭不上，故鱼儿即使睡觉也睁着眼，甚至鱼死了，两眼也是"不肯"闭上，真是"死不瞑目"！

"负后像"是怎么回事

如果长久地注视过明亮的天空，或偶然看了太阳一眼，眼前就会出现一个有颜色的斑点。眨一下眼睛，这个斑点就会变得更清楚，而且颜色还在不断地变化。

为什么会出现这种色斑呢？研究它又有什么用处呢？

让我们来做一个小实验，这个实验绝不是让你去注视太阳，注视太阳是危险的，强烈的阳光会灼伤你眼球中的视网膜。

如果对着一个被阳光照亮的红色物体，目不转睛地注视一两分钟。然后突然抬起头来，把眼睛转向白色的天花板。这时候，会看到一片飘浮着的蓝绿色，它的轮廓和红色物体一样，而且色彩非常鲜艳。这种颜色可以连续存在几秒钟；如果消失了，只要你眨一下眼睛，它又会再出现。

这是一种只有你的眼睛才能看到的颜色，它的出现也是有规律的。注视绿色物体以后会看到紫红色，注视蓝色物体以后会看到黄色或橙黄色。这种现象叫眼的"负后像"现象。

要想了解负后像现象形成的原因，就要先知道眼睛为什么会对颜色有感觉。原来，在视网膜上有一种专门管感知颜色的视神经细胞，叫锥状细胞。这种细胞到底怎样感知颜色，现在还没有彻底弄清楚。

有些科学家认为，锥状细胞分为3类：一类专管接收红光，一类专管接收绿光，还有一类则专管接收蓝光，就好像3架"接收机"一样。锥状细胞通过50多万根神经束和大脑联系着。

当红、绿、蓝三色光按一定的比例同时进入眼睛的时候，3种接收机同时受到刺激，它们一起向大脑报告，这样就形成了白色的感觉。如果红、绿、蓝按不同的比例射入眼睛的时候，就会产生各种不同的色感。

当你长时间注视着红色物体的时候，那些专管接收红光的神经细胞就变得十分疲劳，它们的工作能力开始减低。等你转眼注视白色天花板的时候，那些刚才没有工作的绿的和蓝的接收机反应强烈，而红的接收机则反应较弱，所以送到大脑中的信息是以蓝、绿为主，因而你感觉到的是蓝绿色。这是一种只存在于你大脑中的颜色。长时间看电视以后，觉得眼前有一片粉红色也是这个缘故。

白光中缺少了红光就是蓝绿光，反过来，如果红光和蓝绿光混合起来一定会获得白光。我们把合在一起可以混成白光的两种色光称为互补色光。

蓝光和黄光也是互补色光。我们的白衬衫因为穿久了会渐渐发黄，如果在洗衣服的时候，加一点荧光增白剂又会变白。这是什么道理呢？

原来，荧光增白剂在紫外线的照耀下会发出蓝色的荧光（阳光中含有紫外线）。蓝光和黄光是互补色光，它们混合以后进入人的眼中，衬衫看上去就变白了。

利用互补色的原理，可以做很多事情。人们从事彩色摄影、调节舞台灯光和绘画，都必须懂得这个道理。

知识点

荧光增白剂

荧光增白剂是一种色彩调理剂，具有亮白增艳的作用，广泛用于造纸、纺织、洗涤剂等多个领域中。荧光增白剂约有15种基本结构类型，近400种结构。我国允许在衣物洗涤剂中添加的荧光增白剂有两种类型：二苯乙烯基联苯类和双三嗪氨基二苯乙烯类。

作用原理：荧光增白剂可以吸收不可见的紫外光，转换为波长较长的蓝光或紫色的可见光，因而可以补偿基质中不想要的微黄色，同时反射出比原来入射的波长在400～600纳米范围的更多的可见光，从而使制品显得更白、更亮、更鲜艳。

延伸阅读

互补色技术与立体电影

立体电影，亦称"3D立体电影"，是将两影像重合，产生三维立体效果，当观众戴上立体眼镜观看时，有身临其境的感觉。立体电影出现于1922年。

在戴眼镜观看的立体电影中，广泛采用着互补色技术和偏振技术。

互补色技术是一种 3D 立体成像技术，现在也比较成熟，有红蓝、红绿等多种模式，但采用的原理都是一样的。色分法会将两个不同视角上拍摄的影像分别以两种不同的颜色印制在同一副画面中。这样视频在放映时可用一般放映设备，但是仅凭肉眼观看就只能看到模糊的重影，而通过对应的红蓝等立体眼镜就可以看到立体效果。以红蓝眼镜为例，红色镜片下只能看到红色的影像，蓝色镜片只能看到蓝色的影像，两只眼睛看到的不同影像在大脑中重叠，即可呈现出 3D 立体效果。

此法的缺点是观众两眼色觉不平衡，容易疲劳；优点是不需要改变放映设备。初期的立体电影常用这种方法。

特殊的光——激光

激光与普通的光有什么不同？为什么说它是一种特殊的光？

要说明这个问题，我们必须要了解原子的微观结构和性质。

我们知道，组成物质的原子是由原子核和外层运动着的电子组成。原子的能量是不连续的，是按一定的原子能级分布的。一般情况下，大多数原子都处于基态低能级，当外界给予原子一定的能量时，就有可能把电子送到较外层的轨道上去（越外层的电子运动越快），这时原子也就相应地从低能级跃迁到高能级。

原子处于高能态时是不稳定的，它有返回低能态的趋势。当原子自发地从高能态跳回到低能态时，就将多余的能量以光子的形式辐射出来，这叫做自发辐射。如果处在高能态的原子，在外部光能"刺激"下跳回到低能态，就需要外来的入射光子的能量。严格地说，等于两能级之间的能量差。

实现这种跃迁时所辐射出的光子性质与外来光子的性质一模一样，这样就一个变两个，使光子成倍地增加，这就是受激辐射。普通光是物质自发辐射产生的，而激光是由物质受激辐射产生的。

激光与普通光就其本质来说，都是电磁波，它们的传播速度都是每秒 30 万千米，但激光还有着自己独特的物理性质：

1. 单色性极好，波长非常一致，它一束光中的波长的差别只有千万分之一埃甚至更小。

2. 亮度极高。它可以比太阳表面的亮度高 100 亿倍。

3. 方向性极好。方向性，就是指光的集中程度。激光器发出的激光照射到远离地球 38 万千米的月球上，它的光斑的直径也只有 2~3 千米，光束的发散角是探照灯的几千分之一。

由于上述的物理特性，激光可以在千分之几秒甚至更短的时间里，使一切难以熔化的物质熔解以至气化；也可在百分之几毫米的范围内产生几百万摄氏度的高温、几百万个大气压、每厘米几千万伏的强电场。

由于激光的特性，它在很多领域得到了广泛的应用。

1. 激光加工：激光加工是指将激光作为热源进行的热加工。由于激光具有极好的方向性和极高的功率密度，所以近年来，它在打孔、切割、焊接、光刻等许多方面得到广泛的应用。

1966 年用机械方法在金刚石拉丝模上打一个深 1.25 毫米的孔需 24 小时，而目前采用激光打孔只需不到 2 秒钟；而且大大降低了加工成本，提高了加工精度。

使用激光可以切割木材、布匹、塑料、玻璃、陶瓷、各种金属或合金材料。使用激光切割材料，精度可高达百分之几毫米，而且不变形，一般不需后续加工。用激光切割一种特硬陶瓷材料，速度是金刚石刀具的 10 倍，并且能方便地进行曲线切割。使用激光可焊接多种金属和非金属材料，并使生产率比传统的焊接办法提高几倍到十几倍。

值得一提的是采用激光技术提高光刻的分辨率对于制造大规模集成电路具有重要意义。

2. 激光通信：光通信是通信家族中资格最老的一个成员。例如：我国古代建造的烽火台，就是利用点燃的烽火传递信息。18 世纪末，法国人也曾经建造过远距离的光通信系统，在山顶上立起不同颜色的标杆，用来传递信息。

1961 年 3 月，世界上第一台激光器研制成功，理想的光源找到了。光通信很快取得了突破性的进展，激光通信应运而生。

激光通信一般分为两种，一种与普通的有线电通信类似，由光纤传播信号，也就是光纤通信。另一种与无线电通信相类似，信号直接在大气中传播，这就是激光大气通信。

水下激光通信也是大气激光通信的一种，这种通信手段在水下目标检测和水下工程监视等方面可以发挥重要的作用。比如水下激光电视，改变了过去只靠潜水员手摸体测的状况，工作技术人员可以从电视屏幕上直接看到水下情况，对于提高工程质量有着重要的价值。

3. 激光在医学上的应用：自从20世纪60年代初世界上第一台激光器诞生后，很快就在医学上得到了应用。

激光从发生器内产生，经过聚焦后，从特制的刀头内射出，可以产生巨大的能量，足以使皮肤裂开，肌肉焦化，骨头气化。这就是许多外科医生所钟爱的激光刀。使用激光手术刀，可以使肿瘤组织迅速焦气化，气化物被特制的吸引器迅速吸走，避免了肿瘤转移，出血自然也十分少。

20世纪70年代以来，医生使用光导纤维做成的内窥镜探查患者的某些内脏状况。现在，医生可以不仅通过光导纤维看到人体内的肿瘤，而且可以把内窥镜的尖端紧密地靠在肿瘤旁，然后通过这条通道把能量富集的激光波发射到肿瘤体上，使肿瘤全部被摧毁。用同样的方法，还可以粉碎膀胱、尿道等处的结石，而使患者无任何痛苦。

4. 激光武器：激光武器也称"死光"武器。与其他武器，如枪、炮相比，不管目标是否运动都不必考虑提前量，如用炮打飞机时，若瞄准飞机射击，炮弹必然落在飞机的后面，若要击中飞机，则必须根据飞机速度及炮弹飞行速度进行计算，对着飞机前面某一点发射才行。而且炮弹发射后会产生后坐力，影响命中率；每次变换射击方向必须移动整个炮身。而激光，由于准确性好，速度极快，功率密度大，所以激光武器既不要考虑提前量，又无后坐力，而且还可以迅速灵活地变换射击方向。它可装备在舰艇、飞机甚至卫星上，还可以引爆氢弹、中子弹等。

激光武器在军事观察、侦察、通讯、监控设备中也广为使用。

知识点

激光器

激光器是指能发射激光的装置。1954年制成了第一台微波量子放大器，获得了高度相干的微波束。1958年，肖洛和汤斯把微波量子放大器原理推广应用到光频范围，1960年，梅曼等人制成了第一台红宝石激光器。1961年贾文等人制成了氦氖激光器。1962年，霍耳等人创制了砷化镓半导体激光器。以后，激光器的种类就越来越多。

根据工作物质物态的不同可把所有的激光器分为以下几大类：

1. 固体激光器，这类激光器是通过把能够产生受激辐射作用的金属离子掺入晶体或玻璃基质中构成发光中心而制成的。

2. 气体激光器，它们所采用的工作物质是气体，并且根据气体中真正产生受激发射作用之工作粒子性质的不同，而进一步区分为原子气体激光器、离子气体激光器、分子气体激光器、准分子气体激光器等。

3. 液体激光器，这类激光器所采用的工作物质主要包括两类，一类是有机荧光染料溶液，另一类是含有稀土金属离子的无机化合物溶液。

4. 半导体激光器，这类激光器是以一定的半导体材料作为工作物质而产生受激发射作用。

激光制导与激光制导炸弹

激光制导是利用激光获得制导信息或传输制导指令使导弹按一定导引规律飞向目标的制导方法。

激光制导包括激光寻的制导和激光束制导。在激光寻的制导中又包括主动寻的制导、半主动寻的制导和被动寻的制导3种形式。其中技术最成熟、在战场上使用最多的是半主动寻的制导，激光制导炸弹、激光制导导弹等均使用此种制导方式。

激光半主动寻的制导是将攻击用弹头与指引目标用的"激光目标指示器"分开配置的。攻击时，先从地面或空中用激光目标指示器对准目标发射激光束，发射或投放的攻击性弹头前端的"寻的器"就会捕获由目标表面漫反射回来的激光，并控制和导引弹头对目标进行奔袭，直至击中目标并将目标摧毁。由于激光束的方向性极好而且发散角极小，因此，激光制导武器命中精度极高，可以说指哪儿打哪儿。如美国生产和装备的"宝石路"激光制导炸弹，其命中精度已达到 1.5 米。

激光制导炸弹可谓威力非凡。越战之初，美军为炸毁河内附近的一座大桥曾出动了 600 多架飞机，投下 2 000 多吨弹药，结果大桥安然无恙，而美军飞机却被打下 20 架。1968 年初，美军使用了"宝石路"激光制导实验炸弹，只出动了 12 架飞机发射了 10 余枚激光制导炸弹就彻底摧毁了那座大桥，而美方却没有一架飞机损失。在海湾战争期间，以美国为首的多国部队共投掷了 6 520 吨激光制导炸弹，有 90% 击中了目标，同期投下的 8 万余吨非制导炸弹的命中率却只有 25%。

眼睛看到的物体是倒立的吗

要回答这个问题，我们可以通过实验来验证。首先我们建立一个眼球模型：

把灯泡的半个球面均匀地涂上一层黑漆，等漆快干的时候，用小刀在上面刮出一个圆形的窗口，直径约为 2~3 厘米。它相当于眼睛的瞳孔。用一个瓶盖作灯泡底座，把灯泡放在底座上。再找一块透明的塑料薄膜，用细砂纸把它打毛，使它像一块毛玻璃。用胶布把它粘在没有涂漆的半个球面上，代表视网膜。

还要有一个凸透镜，用它来代表晶状体。透镜的焦距要选得合适，如果灯泡的直径是 5 厘米，可以选焦距约为 10 厘米的透镜；灯泡的直径是 6 厘米，则选焦距约为 12 厘米的透镜。

把一张桌子摆在窗户前，注意不要让阳光直接照在桌子上，最好是在室内光线比较暗的地方做这个实验。在灯泡中灌满清水，用木塞塞好，放在桌子上，把透镜摆在灯泡的前面，让它对准窗外明亮的景物。调整透镜的位置，就可以在眼睛模型的后壁上，看到窗外景物倒立的像，就像彩色电影一样。

在眼球模型上，你看到的是倒立的物像。那么，在人眼的视网膜上所成的像也是倒立的吗？为什么我们从来没有觉得自己看到的物体是倒立的呢？

原来，我们的大脑有一个特殊的功能，能把投在视网膜上的像颠倒过来。有人做过这样一个实验，他戴上一副特殊的眼镜，这副眼镜能把看到的一切东西颠倒过来。刚戴上眼镜的时候，他看到的一切东西都是倒立的。戴了一段时间以后，说也奇怪，一切东西看上去又都正过来了。后来，他把这副眼镜取下来，一切东西看上去又变成倒立的，但是不久就又恢复正常了。

你当然没有这种特殊的眼镜，但是你可以通过一个简单的实验，来证明大脑确实具有倒转影像的本领。

在一张硬纸片上用针扎一个小孔，直径在1毫米左右。把纸片放在距眼5～8厘米的地方；另外一只手拿着一枚大头针，把它竖直地放置在贴近眼睛的地方。只用一只眼睛通过小孔注视着窗外发亮的天空，调整大头针的位置，让纸片上的小孔、大头针和眼睛恰好在一条直线上。

这可能要费点事，但是，当你找到一个合适的位置以后，就会看到大头针的黑色的影子。真奇怪。大头针竟是倒过来的。更有趣的是，当你向上移动大头针的时候，你看到的却是大头针向下移动，如果左右移动大头针，你看到的也正好相反。

这是怎么一回事呢？要弄清它还得做一个简单的实验：

在离墙很近的地方放置一个凸透镜。把一根钉子放在透镜的前面，使它离透镜很近。用手电筒向透镜照去，在墙上就会看到钉子的黑影，比钉子本身大一点，模糊一点。因为它是钉子的影子（而不是通过透镜所成的像），所以是正立的。

你能看出这两个实验的相似之处吗？

第二个实验是仿照第一个实验设计出来的。它们之间存在着对应关系。透镜相当于眼睛中的晶状体，墙相当于视网膜，手电筒的光相当于从硬纸片的小孔中射过来的光。我们从第二个实验中看到，映在墙上的是钉子的影子，而不是钉子的实像（影子是正立的，而实像则是倒立的；另外，影子是模糊的，而实像则是清晰的）。根据同样道理，我们可以断定，在第一个实验中，映在视网膜上的也一定是大头针的影子，而不是大头针的实像。

你可能会问，既然映在视网膜上的是大头针的影子，它就应该是正立的，为什么我们看到的影子竟是倒立的呢？这是因为，我们的大脑已经习惯于把投射在视网膜上的一切影像颠倒过来，所以它也毫不例外地把大头针的影子颠倒了过来。

知识点

视网膜

视网膜居于眼球壁的内层,是一层透明的薄膜。视网膜由色素上皮层和视网膜感觉层组成,两层间在病理情况下可分开,称为视网膜脱离。色素上皮层与脉络膜紧密相连,由色素上皮细胞组成,它们具有支持和营养光感受器细胞、遮光、散热以及再生和修复等作用。

视网膜内层为衬于血管膜内面的一层薄膜,有感光作用。后部有一视神经乳头。

视网膜就像一架照相机里的感光底片,专门负责感光成像。当我们看东西时,物体的影像通过屈光系统,落在视网膜上。

 延伸阅读

猫眼为何在夜间能发光

你喜欢猫吗?它那温驯的脾气,矫健而又敏捷的身姿曾给人们带来过很多的乐趣。特别是它那圆圆的大眼睛,在昏暗的夜色中闪烁着熠熠的光芒,给人们带来了许多美丽的遐想。然而你曾想过猫眼为什么会发光?

视觉研究表明:猫眼的瞳孔在夜晚开得最大,以便尽可能多地收集夜间微弱的光线。猫眼的视网膜后面还有一层可以反光的特殊薄膜,称为反光组织。它可以把进入猫眼未被视网膜吸收的光线反射回去,重新为视细胞所吸收,从而增强了猫眼的视功能。部分光线从猫眼反射出,于是人们就感觉到猫眼在发光。

自古以来,人类一直被生物界的奥秘所吸引。人们无比羡慕生物体结构的精巧,赞叹机体功能的奇异,一直幻想着能制造出生物系统功能和结构特征的仪器设备,促进人造技术系统的发展,这就是仿生科学。人们受鸟儿能在天空

中翱翔的启发，发明了飞机；受鱼儿能在水中游动的启发，发明了轮船等等。那么，神奇的猫眼反光组织又促使人们发现了什么呢？这就是后向反射现象。猫眼的后向反射材料是由球透镜和反光层组成的，从而制造出了各种后向反射材料。目前在国际市场上已经出现了3种不同的后向反射材料，即：围栏型、胶囊型和锥角型后向反射材料。反光标志灯属于锥角型后向反射材料，而道路反光标志则属于胶囊型后向反射材料。

后向反射与漫反射、镜面反射不同。后向反射材料向后反射的光线方向基本上平行于入射光的方向，但传播方向与入射光线方向相反。漫反射是粗糙表面（如白纸、墙壁等）的反射属性，当光照射到粗糙表面时，反射光线的方向是四面八方的，称之为漫反射。镜面反射是指反射光线与入射光线的方向满足反射定律，光滑的表面都产生镜面反射。

在白天，后向反射材料除了有照明方向的后向反射光之外，还有由日光和天空光的漫反射光，后向反射光并不占优势，因此，后向反射材料看上去就与普通漫反射材料没有什么两样。但是，在夜间，照明方向的后向反射光占优势，后向反射材料在照明下就呈现出十分明亮的光辉。

大有作为的三基色

彩色电视机能够逼真地重现出自然界中绚丽多彩的景色，这是什么道理呢？让我们通过几个小实验来说明一下吧！

早在19世纪初期，人们就发现自然界绝大多数的彩色光线，都可以利用红、绿、蓝三种色光按不同比例混合而成，这叫三基色原理。它是利用了人眼的一个特点，两种不同颜色的光混合后，进入人的眼睛，人感觉到的就是另外一种颜色。

例如：把一束红光和一束绿光同时照在白墙上，让它们完全重叠起来，你在墙上看到的就是黄色，就像真有一束黄光照在上面一样。

你如果有三个筒就能验证三基色原理。在电筒前面分别罩上红、绿、蓝三种颜色的玻璃纸（最好多罩上几层）。这样就做成了三种颜色的光源。把红光和蓝光同时重叠地照在墙上，你看到的就是紫光。如果把绿光和蓝光同时重叠地照在墙上，你看到的就是青光。当红、绿、蓝三色光同时重叠地照在墙上的时候，你看到的便是白色或灰白色。

自然界中大多数的颜色都可以用比例不同的三基色光混合而成。用一个很简单的实验就能证明这一点。

现在让我们来做一个三色陀螺。在这个实验中，我们需要不断改变3种颜色的比例。因此，不能把3种颜色直接涂在一个圆盘上面。有没有办法做一个3种颜色的比例可以任意改变的陀螺呢？答案是肯定的。下面就告诉你一个简单而巧妙的办法，据说这个方法是英国物理学家麦克斯韦发明的。

制作3个硬纸圆盘，分别涂满红、绿、蓝3种颜色（或者分别贴上3种彩色的纸）。颜色要浓也要纯正，尽量接近从光谱中看到的颜色。沿半径切开一个槽。把3个圆盘沿着槽口交错地插在一起，套在陀螺上。这时候在陀螺上应该能露出红、绿、蓝3个扇形面积。分别拨动圆盘，可以调节这3个扇形面积的大小。

先来研究红光和绿光的混合。调整3个圆盘，使它们只露出红色和绿色的部分，而且让红色占绝大部分。不断地增加绿色所占的成分，每改变一次比例，就让陀螺旋转一下，观察一次。

随着红、绿的比例不同，你会逐步地看到橙红、橙、黄和绿黄这几种颜色。然后再来观察绿和蓝的混合，开始的时候让绿占大部分，逐渐增加蓝，混合色就会由绿变成绿蓝（孔雀蓝）、蓝等。最后，用红和蓝来混合，你将看到紫红、深紫等颜色。

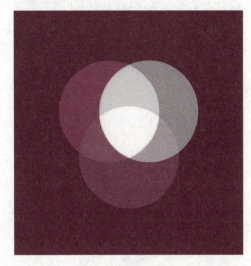

三基色

任意改变陀螺上3种颜色的比例，你便可以看到许多种的颜色。把红、绿、蓝3种颜色按一定比例混合起来，就可以得到灰白色。

三色陀螺所说明的原理对我们很有用。英国物理学家麦克斯韦曾经根据这个原理去研究彩色摄影。大家喜爱的彩色电视，也是运用这个原理来合成彩色的。

彩色电视机和彩色电影不同。彩色电影是用彩色胶片放映出来的，胶片上有什么颜色，映出来就有什么颜色。彩色电视机里并没有什么彩色胶片，它的荧光屏上涂有3种不同的荧光粉，当电子束打在上面的时候，一种能发红光，一种能发绿光，一种能发蓝光。

制造荧光屏的时候，工人们用特殊的方法把3种荧光粉一点一点相互交替地排列在荧光屏上，无论从荧光屏任何位置取出相邻3个点来看，都一定包括红、绿、蓝各一点。每个小点只有针尖那么大，不用放大镜是看不出来的。由于它们那样小，又挨得那么紧，在它们发光的时候，人眼就分辨不出每个色点发出来的光，我们看到的是三种色光混合起来的颜色。

如果只让红色荧光粉发光，不让绿色和蓝色的荧光粉发光，那么屏幕上就只呈现红色。红色和绿色的荧光粉同时发光，就会呈现黄色。三色的比例不同的时候，屏幕上就会呈现出各种各样的颜色。

由谁来控制这些荧光粉小点的发光呢？是灵巧的电子束。在彩色显像管中装有3个电子枪，它们发出的电子束分别打在相对应的3种荧光粉小点上。电子束的强弱不同，对应的荧光粉点所发出的光也就强弱不同。受影像信号控制的3个电子束分别描绘出红、绿、蓝3幅画面，这3幅画面重合起来，就成为绚丽多彩的彩色画面。

知识点

荧光粉

荧光粉，俗称夜光粉，通常分为光致储能夜光粉和带有放射性的夜光粉两类。

光致储能夜光粉是荧光粉在受到自然光、日光灯光、紫外光等照射后，把光能储存起来，在停止光照射后，再缓慢地以荧光的方式释放出来，所以在夜间或者黑暗处，仍能看到发光，持续时间长达几小时至十几小时。

带有放射性的夜光粉，是在荧光粉中掺入放射性物质，利用放射性物质不断发出的射线激发荧光粉发光，这类夜光粉发光时间很长，但因为有毒有害和环境污染等，所以应用范围很小。

绿色信号灯为何换成蓝绿色

红、绿灯被世界各国用来作为交通信号灯，且一直沿袭至今。

近年来，一些大城市在不少交通要道上却把绿色信号灯换成了稍微偏蓝的蓝绿色信号灯。这是为什么呢？

在千变万化的颜色中，红、绿、蓝是3种基本色光。我们眼睛里视网膜上的圆锥视觉细胞，正是按这3种基本色分工的。它们有的专管感受红色光，有的专管感受绿色光，有的则专管感受蓝色光。不管是什么颜色，色光进入眼睛射到圆锥视觉细胞上，它们就按红、绿、蓝三色分开，分别接受下来，通过各自专用的神经传给脑子，在脑子里再按传来的三色深浅、多少搭配起来，人们就认出来了是什么颜色。

在现实生活中，一些人色觉异常，被称为色盲。全色盲的人很少见，绝大多数是部分色盲。比如有红色盲、绿色盲、紫色盲和红绿色盲，其中以红绿色盲较多。

因此，在聘用汽车司机之前，必须检查他们是否患有色盲症，交通信号中，把绿色信号灯换成蓝绿色信号灯，就是对那些患有红绿色盲症驾驶员和骑自行车的人的一种预防性措施，因为患红绿色盲症的人，虽然对红与绿失去了分辨能力，但他们对蓝绿色是能够分辨出来的。

美妙的声音
MEIMIAO DE SHENGYIN

我们的周围充满了声音,地球是个有声音的世界。当宇航员驾驶飞船呼啸地离开地面时,震耳欲聋的响声传到了四面八方。但是,飞船一但离开了大气层,各种声响就一下子消失了——太空是个寂静的世界,在那里点燃火箭,离火箭不远的地方却听不到一点声响。月球也是默默无声的,那里听不见鸟语蝉鸣,也没有山呼海啸,即使发生月震,离开月面也难以听到声响。这是什么原因造成的呢?

而且,在我们身边,既可以听到美妙的音乐,也难免会听到刺耳噪声,同样是声音,为什么有如此大的差别呢?

下面还是让我们带你走进这美妙的声音世界去一探究竟吧。

"听声辨音"有道理吗

振动发声的物体就叫声源。

滴嗒声是钟摆振动产生的,叩门声是门扇振动产生的,敲击各种固体,几乎都会发出声音。

找一个空玻璃瓶,把它放在嘴边,对着瓶口用力吹气。玻璃瓶发出了声音。用笔帽也可以做这个实验。振功的液体能发声,振动的气体也能发声。流水哗哗，北风呼啸，就是水和空气振动时发出来的声音。

这些实验说明，振动着的固体、液体、气体都是声源。

你能查出瓷碗有没有裂纹吗？这并不难。敲一下瓷碗，就能听出它的好坏：好瓷碗能发出清脆响亮的声音，坏瓷碗却只能发出浑浊声。声音传出了瓷碗内部的信息，使我们找出了看不见的裂纹。这说明，我们可以根据听到的声音来判断声源的情况。可以做个实验验证一下。

找3个同样的瓷碗，先用筷子敲一敲，它们的响声是差不多的。往一个碗里装上水，另一个碗里装上面粉或砂土，再敲一敲，这回它们发出的声音完全不同了。前面讲过，物体振动会发出声音。被敲的物体发出什么样的声音，这和振动物体本身的情况有关。敲锣是锣音，打鼓是鼓声，再使劲敲锣也敲不出鼓声来，因为锣鼓的构造不同。

完整的瓷器和有损伤的瓷器被敲击后振动情况不同，完好的瓷器各部分能一起振动。有了裂纹，各部分就振不到一起了，这样它们发出的声音就不同了。碗中装有空气、水和固体，也是由于内部情况不同，才发出了不同的声音。

摸清了这个规律，我们就能用敲击听声的办法探测物体内部的情况了。

工人检查机器的时候，常常用锤子敲敲要检查的部位，凭声音来判断机器有没有损伤，连接处有没有松脱，这就是简单的敲击探伤法。

有经验的人挑西瓜的时候，常常拿起西瓜，用手指弹几下或用手拍一拍，根据声音来判断瓜的生熟——生西瓜敲起来声音清脆，这是因为瓜瓤里的组织紧密造成的；熟西瓜敲起来声音发闷，因为里边的组织已经软化了，变松了；烂西瓜里边是一包水，它的声音是"噗噗"的，自然是与众不同了。

医生在诊断人体内的一些疾病的时候，也应用这种办法。常见的叩诊办法是把左手放在病人的胸、背部，用右手指叩击左手中指，仔细听那响声，就能诊断一些疾病。因为人体的肌肉、肝、心和含有气体的肺、装有水和食物的胃肠，被叩击后会发出不同的声音。生病以后，不该含气的部位含了气，不该存水的地方有了水，或者该含气的组织里少了气……这就会使叩诊音发生变化，根据变化听出病变

西 瓜

的信息，弄清病情。

撞击探测法在工业生产和现代技术上都有广泛的应用。例如，用现代地震探测技术可以探听地球内部的情况，用现代声撞击探测技术可以探知工件内部的详细情况。

水是会"说话"的。听听水的声音，可以判断水的状况。

把满满的一瓶子水倒出来。水会发出"噗噗"的声音。而且用墨水瓶、啤酒瓶、暖水瓶做这个实验，它们发出的声音也是不同的。

这是因为水流出来的时候，空气要从瓶口挤进去，那一个个气泡钻出水面时会因压强变小而迅速膨胀，发生冲击，水瓶就这样"说话"了。

把水壶坐在火炉上，当水壶发出叫声的时候，那水并没有开。等水真正沸腾的时候，叫声又不是那样响了。

"响水不开，开水不响。"水壶里的声息为什么能报告壶里的情况呢？

坐在火炉上的水壶，壶底的水最先热起来，于是那里就产生了气泡。这些气泡温度很高，水的压力不能把它们压破，水的浮力却让它浮向水面。气泡浮到了上边的冷水层，就把热量传给了冷水，自己的温度降了下来。气泡温度一降，里面的压力也小了，抵挡不住水的压力，就被压破了。水的分子乘机冲入气泡，发生了撞击。气泡浮上来的多了，这种撞击声就会大起来，所以水壶发出叫声的时候，它并没有沸腾。水在大开的时刻，水中的气泡大都钻出水面冲向空气，这时的声响当就会变成哗啦哗啦的了。

人被烫着的时候会喊叫，水挨烫时也会"尖叫"呢。

把几滴冷水滴在烧红了的炉盖上，水会嗞嗞地叫起来。烧水做饭时我们常常会听到这种声音。

水当然没有知觉，它挨烫时"尖叫"是由于它在急速地汽化。炉盖或红煤球的温度很高，水滴到上边马上变成了水蒸气。一滴水变为汽，体积大约要膨胀1000倍以上。这一胀就扰动了周围的空气，发出了声音。

提一壶冷水，向地面上倒一点。你听到的是清脆的噼啪声。提一壶开水，同样向地面上倒一点，你听到的则是低沉的噗噗声。

为什么冷水和开水倒在地上发出的声调不同呢？有人解释说，这是由于冷水里含的空气多，而开水里几乎没有空气了。当冷水浇到地上的时候，水和水里的空气同时跟地面撞击，所以发出的声音比较清脆。开水倒在地上，就只有水跟地面撞击，所以发出的声音比较低沉。

这种解释是否确切，可以看看冷开水倒在地上会发出怎样的声音：

把一壶煮开的水，每隔两三分钟向地下浇一次，同时注意听它的声音，你会发现，随着水温的降低，音调由低转高，由噗噗声变成了噼啪声。

这个实验是已故的科普作家顾均正先生设计的。经过他的研究，认为开水的声音是因为开水的温度造成的。当水温在100℃左右时，水的分子活动能力大大增加了，分子之间的吸引力大为减少，这种沸腾的水，不但表面的水分子在快速蒸发，而且内部的水分子也会争先恐后地跳出来变为汽，所以开水四周总是包围着一层水汽。当水倒到地面上时，水汽首先垫在上面，开水和地面之间有了这一层绒毯似的气垫，撞击的声调也就低沉多了。当水温远低于沸点时，液体内部的分子不再汽化，水柱落地再没有气垫的缓冲作用，声音也就变得清脆了。

我们可以用棉被和钢球来验证上述理论。

从一定的高度向木床板自由落下一个钢球，撞击声会十分清脆。在床板上垫一床棉被，再让钢球从同样高度自由下落，声音会很闷。

知识点

叩 诊

叩诊是指用手叩击身体某些部位，使之振动而产生声音，根据振动和声音的音调的特点来判断被检查部位的脏器状态有无异常的诊断方法。

根据叩诊的目的和叩诊的手法不同又分为直接叩诊法和间接叩诊法两种。

直接叩诊法：医师右手中间三手指并拢，用其掌面直接拍击被检查部位，借助于拍击的反响和指下的震动感来判断病变情况的方法称为直接叩诊法。适用于胸部和腹部范围较广泛的病变，如胸膜粘连或增厚、大量胸腔积液或腹腔积液及气胸等。

间接叩诊法：为应用最多的叩诊方法。医师将左手中指第二指节紧贴于叩诊部位，其他手指稍微抬起，勿与体表接触；右手指自然弯曲，用中指指端叩击左手中指末端指关节处或第二节指骨的远端，因为该处易与被检查部位紧密接触，而且对于被检查部位的震动较敏感。叩击方向应与叩诊部位的体表垂直。

会"说话"的肌肉

你的肌肉会向你轻声细语，不信吗？

用你的拇指轻轻地堵住耳朵，把胳臂肘抬高，两手开始握拳。一种微弱的隆隆声灌进了你的耳朵。拳头攥得越紧，声音就越响。这就是手部肌肉收缩的声音。

科学实验已证明肌肉是会"喊叫"的，如用带有灵敏扩音机的听诊器去听运动员肌肉的声音，当运动员举重时，他前臂的肌肉就会发出声音，用力越大，声音越响。人的肌肉说话时"嗓子"很粗，频率在25赫兹左右。

人体最重要和最复杂的肌肉就是心肌。科学家们正在研究一种新式听诊器，用来检查心音极细微的变化，准备从心肌的低声细语里发现某些隐患。至于从其他部位肌肉声响中发现人体内部的病变，也是一个有趣的研究课题。

不光是人体肌肉会发出低频的声音，各种鱼类和其他动物的肌肉也会低声细语。海洋里有一种凶猛的鲨鱼，它常常潜伏在某处一动不动，等猎物游近时，它就来个闪电式出击。动物学家们发现，鲨鱼对低频的声波特别敏感，能听到猎物肌肉发出的低音，从而辨出猎物的行踪。

鲨鱼的本领启发了我们，能不能造出一种仪器，能侦听到远处的各种肌肉声，利用它去捕鱼、侦察，甚至狩猎呢？这在目前还只是一种设想，能不能成为现实还有待人们的努力。

音调的奥秘

声音不但有强弱，而且有高低。声音的高低程度叫做音调。不同的音调是怎样产生的呢？让我们先做个小实验。

找一张旧年历卡片（或者有弹性的硬纸板），一辆自行车。把自行车支起来，一只手转动自行车的脚踏板，另一只手拿着硬纸片，让纸片的一头伸到自行车后轮的辐条中。先慢慢转，这时可以听到纸片的"轧轧"声；再加快转速，纸片发出的声调就会变高；当转速达到一定程度时，纸片就会尖叫起来了。

很明显，纸片音调的变化，是和纸片每秒钟振动的次数有关系：车轮旋转比较慢的时候，同一时间内纸片跟车条的接触次数比较少，也就是说，每秒钟纸片振动的次数比较少。反过来，车轮转得快时，纸片每秒钟振动的次数就多了。

我们把振动着的物体在 1 秒钟里完成全振动的次数叫做频率。

频率的单位叫赫兹（简称赫），也叫周/秒（读作"周每秒"）。钢琴最低音的频率是 27 赫兹，最高音的频率是 4000 赫兹，它包含了这么广的频率范围，当然能演奏丰富多彩的乐曲了。

人讲话的音调也有高低。成年男子的声带长而厚，基本振动频率低，只有 100～300 赫兹；女子的声带短而薄，基本振动频率比较高，一般是 160～400 赫兹，所以女子说话的音调都比男子高一些。儿童的声带比较短薄，童音音调比较高。少年的声带正在发育，都有一段"变音"的时期，在这个时期应注意保护声带。

勤劳的蜜蜂用 440 赫兹的频率飞出去采蜜，当它们满载而归的时候，翅膀振动的频率降到 330 赫兹，有经验的养蜂人听到蜜蜂的"歌声"，就能知道它们是否采到了蜜。

人对于高音和低音的听觉有一定的限度，频率过高和频率过低的振动都不能引起听觉。大多数人能听到的声音频率范围在 20～20 000 赫兹之间。频率低于 20 赫兹的叫次声，频率高于 20 000 赫兹的叫超声。

有的动物能听到或发出超声，狗却能听到 38 000 赫兹的超声，蝙蝠能发出和听到 25 000～70 000 赫兹的超声。蝙蝠就是利用超声波来"看"东西的。

有的动物则能听到次声。老鼠就能听到 16 赫兹及以下的次声，当

蜜　蜂

海洋里发生大风暴潮和海啸的时候，次声登陆了，人听不到，老鼠却听到了，它们预感到了危险，就会成群结队地逃跑。

音调的高低和声源的构造有着密切的关系，固体声源是这样，气体和液体的声源也同样如此。

当你往暖水瓶里灌开水时，你听到的声音会随着灌水的情况发生变化：开始音调低，慢慢音调就高了，等到快灌满时音调最高。这就是暖水瓶的歌声。

暖水瓶唱歌的道理很简单：灌水的时候，瓶里的空气受到振动，发出声音，这部分空气就是声源。开始的时候，里边的空气多，空气柱长，它振动起来比较慢，频率低，发出的音调也就低了。水越灌越多，空气越来越少，空气柱越来越短了。短空气柱和短琴弦一样，是急脾气，振动得快，频率高，音调也就变高了。

找一个细口瓶做实验更能说明这个原理：

往细口瓶里灌进水，让它将满未满。用嘴向瓶口里吹气，细口瓶会发出音调比较高的叫声。把水倒出一些，再吹，那音变低了；再倒出水，声音更低。如果把水倒光，那瓶子的歌声就非常低沉了。

很明显，小瓶里空气柱的长短决定着它振动的频率。

知识点

声带

声带，又称声壁，发声器官的主要组成部分。位于喉腔中部，由声带肌、声带韧带和黏膜三部分组成，左右对称。声带的固有膜是致密结缔组织，在皱襞的边缘有强韧的弹性纤维和横纹肌，弹性大。两声带间的矢状裂隙为声门裂。

发声时，两侧声带拉紧，声门裂缩小，甚至关闭，从气管和肺冲出的气流不断冲击声带，引起振动而发声，在喉内肌肉协调作用的支配下，使声门裂受到有规律性的控制。故声带的长短、松紧和声门裂的大小，均能影响声调高低。成年男子声带长而宽，女子声带短而狭，所以女子比男子声调高。青少年14岁开始变音，一般要持续半年左右。

延伸阅读

笛子的音调与什么有关

你吹过笛子吗？笛子虽然没有弦，却有一条看不见的空气柱。这条空气柱受到外力吹动的时候，它就会按一定的频率振动发出声音。改变空气柱的长度就能发出不同的声调。你把嘴唇放在吹口上，用一股又扁又窄的气流去吹动笛子里的气柱，笛子就唱歌了。把笛子的6个孔全堵上，笛子里的空气柱最长，发出最低的一个音，如果你把离吹口最远的一个孔放开，空气柱就减短了一截，笛子的音调就高一些。吹笛子的人不断地堵住或者放开笛子上的气孔，改变里边空气柱的长短，就能演奏出优美的乐曲。

笛子的音调不但和气柱的长短有关，而且和演奏者吹气的状况有关。原来一个低音do，指法不变，运用"超吹"的奏法，可以发出高音do。

共振与音乐

我国宋代有位著名的科学家叫沈括，有一天，他到一位朋友家串门，那位朋友拿出一把普普通通的琵琶，说是件奇宝："这可是件神琵琶，把它放在空空荡荡的房间里，用笛管吹奏曲子，它会跟着发声呢！"

沈括看了看那奇宝，不以为然地说，这是共鸣现象。后来，沈括又精心设计了一个实验：他剪了一些小纸人放在琴弦上，每弦一个，然后弹琴，结果是除了被弹奏的弦线振动以外，还有一根与它相应的弦也振动——那弦上的小纸人跳动起来。但是别的纸人却都静止不动。

沈括还用两把琴做了共振实验，弹这把琴，另一把琴的弦会发生振动，那跳动的小纸人就是"证人"。

我们可以做一个类似的实验。

找两只同样的玻璃杯，用筷子敲一敲，它们发出的音调一样。把两只杯子放在同一桌上，相距在3厘米以内，在甲杯杯口上放一根细铜丝（可以从多股铜电线里抽出一股）。用筷子敲乙杯，你会发现甲杯杯口上的铜丝动了。如果不动，可以使两个杯子再靠近一些。如果还不动，可以在杯子里放一些水，使两个杯子的音调相同。

这个实验必须耐心去做，因为只有两个杯子的音调一样才行。在实验室里是用共鸣音叉来做这个实验的。两个音叉的固有频率是相同的，它们分别立在两只相同的小木箱上，箱口彼此相对。用橡皮锤敲击甲音叉，它发出了声波。用手握住甲音叉，它不发声了，我们却听到了乙音叉在"唱歌"。如果在乙音叉上粘上一张纸，改变了它的固有频率，"甲唱乙和"的现象就消失了。

这里边的道理很简单：甲振动后发出的声波，引起了乙的共振。因共振而发声的现象就叫共鸣。共鸣是一种共振，它的条件是两件共鸣物体的固有频率相等。

共鸣的现象早就被古代科学家注意到了。2300多年前的古书《庄子》里就讲到过调瑟时发生共鸣的现象，说在清静的房间里调瑟上的do弦，别的do弦也动了；调mi弦，别的mi弦也动，"音律同矣"。

明代的《长物志》一书记载说，当时有的古琴家在琴室的地下埋一口大缸，缸里还挂上了一口铜钟，在缸上弹琴，那琴声尤其洪亮悦耳。

"缸"琴的秘密也为演戏的人所注意，我国古代剧场的舞台下常常要埋几口缸。北京故宫畅音阁下，挖有五口井，舞台上发出的"畅音"洪亮而圆润，有余音绕梁的效果。

找一个空木盒或空纸盒，拿一台袖珍式半导体收音机，把收音机打开，先让它在地面上唱歌，再让它"站"在空盒子上唱歌，你会发现，后者的歌声常常比前者优美动听，声音响亮。

拿滴嗒作响的小闹钟也可以做这个实验。把小闹钟放在空纸盒上，它的滴嗒声就会加强。

这个道理很简单：小闹钟的滴嗒声引起了盒子里空气的振动，使声音加强了。

沈括

缸上弹琴就是利用共鸣来加强演奏效果的,那缸就是一种共鸣器,也可以叫做共鸣箱。

各种乐器都有共鸣器,我们自己动手做的纸盒六弦琴也不例外。那个空纸盒就是共鸣器,皮筋振动后,引起盒内空气的共鸣,加强了乐器的声响。

用两根手指撑开一个皮筋,用另一只手去弹它。你会感觉到皮筋在剧烈地振动,但是,它并没有发出较强的声音。同样是这根皮筋,把它套在纸盒上,就成了"纸盒琴"。

拿一把调好弦的胡琴,拉几下,听听有多响。然后把胡琴上的琴码取下来,换上一支能横跨琴筒的直木棍。木棍不能压着琴筒的蒙皮。再拉几下,那声音弱多了。如果去摸蒙皮,就会发现,有琴码时蒙皮振动得很强,用木棍隔开时,蒙皮振动得很弱。

琴弦是琴的发声体,它们通过弹拨或摩擦而振动发声。但是弦很细,与周围空气的接触面积很小,它再强烈地振动,也扰动不了多少空气,所以它发出的声音不会很强。把弦的振动通过琴码传给蒙皮,再引起腔体里空气的振动,情况就不同了。蒙皮与空气的接触面很大,蒙皮一振动能扰动许多空气,这样就把声音"放大"了。琴码是不可缺少的角色,被人称为"声桥"。胡琴下边的蒙皮和腔体,被人们称为"共鸣箱",其实,它的放大作用并不都是依靠共鸣达到的。从物理学角度来分析,只有当共鸣箱体的固有频率和弦的频率合拍时,才能发生共鸣。

共振的破坏力

当然,有些乐器的共鸣箱确实是靠共鸣作用来放大声音的。清脆悦耳的木琴,每个音条下边都有个共鸣筒。筒内的空气柱和相应的音调发生共鸣,敲打起来能达到"大珠小珠落玉盘"的奇妙效果。

不光乐器需要共鸣箱,许多音响设备都需要类似的助音箱。我们这里介绍一种业余爱好者喜爱的音箱,它的名字叫"倒相扬声器箱"。

什么是"倒相"呢？我们知道，敞开式音箱从后边射出的声波总有一些绕射到前边，和前方的声波相抵消。如果我们想办法，让前边的声波波峰和后边的声波波峰相遇，那样声音就会加强。把后边的声波变一下，让它能和前边的声波迭加，就是"倒相"。

倒相式音箱后边是封闭的，在安喇叭的面板上开了一个孔——"倒相孔"。倒相孔里边有个开口的管，叫"倒相管"。如果设计的尺寸合理，喇叭纸盆后面发出的声波经倒相管从倒相孔传播出来，恰恰能和前面播出的声波迭加，从而使低频声音增强。

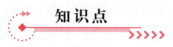

瑟

瑟，中国古代的拨弦乐器。形状似琴，有25根弦，弦的粗细不同。每弦瑟有一柱。按五声音阶定弦。最早的瑟有50根弦，故又称"五十弦"。瑟的起源十分久远，在考古发现的弦乐器中所占的比重最大。它的出土地点集中在湖北、湖南和河南三省，并且绝大多数出自东周楚墓。其他如江苏、安徽、山东和辽宁等省，只有一点零星发现。文献记载"庖羲氏"作瑟。

另外一个推测，像琴瑟这一类乐器，可能和狩猎的弓弦有关。当然，弓弦的原料也可以用牛筋或其他动物的皮筋条制作。我们在1984年复制的曾侯乙墓出土的瑟，最粗的几根低音弦，用的就是牛筋弦。

传说在夏代已经有瑟了。甲骨文上的"乐"字，上面就是"丝"字，下面是一个"木"字。瑟要用弦，那么瑟的产生应该在蚕丝出现之后。瑟弦的原料，至少有能够巢丝的技术才可能制出弦线。先秦前后的弦乐器就是琴和瑟。

瑟是我国最早的弹弦乐器之一，先秦便极为盛行，汉代亦流行很广，南北朝时常用于相和歌伴奏，唐时应用颇多，后世渐少使用。

沈括的科学成就

沈括（1031—1095），字存中，号梦溪丈人，北宋杭州钱塘县（今浙江杭州）人，后隐居于福建的尤溪一带。曾参与王安石变法运动。晚年在镇江梦溪园撰写了《梦溪笔谈》。

沈括的科学成就是多方面的。他精研天文，所提倡的新历法，与今天的阳历相似。

在物理学方面，他记录了指南针原理及多种制作法；发现地磁偏角的存在，比欧洲早了400多年；又曾阐述凹面镜成像的原理；还对共振等规律加以研究。

在数学方面，他创立"隙积术"（二阶等差数列的求和法）、"会圆术"（已知圆的直径和弓形的高，求弓形的弦和弧长的方法）。

在地质学方面，他对冲积平原形成、水的侵蚀作用等，都有研究，并首先提出石油的命名。

医学方面，对于有效的药方，多有记录，并有多部医学著作。此外，他对当时科学发展和生产技术的情况，如毕升发明活字印刷术、金属冶炼的方法等，皆详为记录。

在天文学方面，曾经制造过我国古代观测天文的主要仪器——浑天仪；表示太阳影子的景表等。为了测得北极星准确位置，他连续3个月，每天用浑天仪观测北极星位置，把初夜、中夜、后夜所见到的北极星方位，分别画于图上，经过精心研究，最后得出北极星与北极距三度。

可怕的声障

早期的飞机都是用螺旋桨做推进器的。这种飞机可以达到每小时700多千米的速度，比汽车要快得多。可是人们还不满足，声音1小时就可以"跑"1200千米，飞机能不能追上声音呢？为了达到这一目的，人们设计了一种新式的飞机,这种飞机不用螺旋桨推进,而是靠向后喷射大量高压气体产生的反冲力向前飞行,这就是大家熟知的喷气式飞机。第一架喷气式飞机的速度一下子提高了很多,以后经过不断改进,可以达到每小时975千米。在这场人类同大自然的赛跑比赛中,看来飞机要超过声音了。

然而意想不到的惨事发生了。当试飞的喷气式飞机速度继续增大时,突然发生了一阵雷鸣般的巨响,一眨眼,正在飞行的飞机被炸得粉碎,好像撞上了一座大山似的。科学家对这件怪事做了深入的调查研究,终于找到了凶手——空气,是空气墙把飞机撞碎了。

原来一切物体,包括飞机在内,在空气中运动时,都会给前面的空气以一定的压力,使物体前面的空气压紧,形成一堵肉眼看不见的"墙壁"。物体运动速度越大,这堵"墙"越坚固(密度增大)。

喷气式飞机

这么说,人人都得担心碰上这堵墙了。绝不是!因为空气墙总是以声音的速度往前跑的,只要在低于声音的速度范围内运动,就不可能追上它。只是对于一架想要超音速飞行的飞机或其他物体来说,那就势必要碰上空气墙,发生前面那样的惨剧。人们把空气的这种作用称为声障。

那么,能不能克服声障?难道人类制造的飞机永远甘心落后于声音?不,科学家找到了一种办法,把飞机的外形改一下,使机身做成纺锤状的,两头尖、中间粗,再把飞机的两只翅膀尽量朝后掠,飞机就可以顺利地穿过空气墙了。

今天,一些先进的喷气式飞机的速度已达到了声速的两倍,甚至三倍于声速的程度。在这场与声音赛跑的竞赛中,人类胜利了!

知识点

超音速飞行

音速即指声音在空气中传播的速度。高度不同，音速也就不同。在海平面，音速约为1224千米/小时。在航空上，通常用M（即马赫：物体运动的速度与音速的比值）来表示音速。超音速飞行就是指飞行器以1～5M的速度飞行。现代的军用飞机很多都是以超音速飞行的。

延伸阅读

突破声障的历程

20世纪最重大的发明之一，是飞机的诞生。人类自古以来就梦想着能像鸟一样在太空中飞翔。而2000多年前中国人发明的风筝，虽然不能把人带上天空，但它确实可以称为飞机的鼻祖。

20世纪初在美国有一对兄弟，他们在世界的飞机发展史上做出了重大的贡献，他们就是莱特兄弟。在当时大多数人认为飞机依靠自身动力的飞行完全不可能，而莱特兄弟却不相信这种结论，从1900年至1902年他们兄弟进行1000多次滑翔试飞，终于在1903年制造出了第一架依靠自身动力进行载人飞行的飞机"飞行者"1号，并且获得试飞成功。他们因此于1909年获得美国国会荣誉奖。同年，他们创办了"莱特飞机公司"。这是人类在飞机发展的历史上取得的巨大成功。

1910年12月10日，在法国巴黎展览会上，有一架飞机在表演时坠毁。驾驶员被抛出燃烧的机舱。但是，这架飞机却引起人们很大关注。因为它使用的一台新型发动机。设计者就是飞机驾驶员本人，他是罗马尼亚人，名叫亨利·科安达，毕业于法国高等技术学校。他设计的发动机是用一台50马力的发动机使风扇向后推动空气，同时增设一个加力燃烧室，使燃气在尾喷管中充分膨胀，以此来增大反推力。这就是最早的喷气发动机。

20世纪30年代后期，活塞驱动的螺旋桨飞机的最大平飞时速已达到700千米，俯冲时已接近音速。音障的问题日益突出。苏、英、美、德、意等国大力开展了喷气发动机的研制工作。德国设计师奥安在新型发动机研制上最早取得成功。

1934年奥安获得离心型涡轮喷气发动机专利。1939年8月27日奥安使用他的发动机制成He-178喷气式飞机。

1942年7月，德国23岁的奥海因经过千辛万苦的努力，制造出了第一架喷气式飞机Me-262，同年7月18日试飞。因喷气式飞机比螺旋桨式飞机要快160km/h，得到德国政府的同意开始投入空战，1945年8月德军用37架喷气式飞机击落了18架美国的螺旋桨飞机，震惊同盟军。

喷气发动机研制出之后，科学家们就进一步让飞机进行突破音障的飞行，经过10多年之后这项工作终于被美国人完成了。

1947年10月14日在美国加利福尼亚州的桑格菲尔地区，贝尔公司试飞能冲破音障的飞机。上午10时一架巨大的B-29轰炸机，在机舱下悬挂着一架造型奇特的小飞机起飞了。这架小飞机命名为X-1火箭飞机。X-1飞机装有4台火箭发动机，总推力2700千克，使用的燃料是危险的液氢和乙醇。当B-29轰炸机把它从空中放下的时候，它的4台火箭发动机相继点火，声如雷鸣。当飞机发动机启动1分28秒后，马赫数达到1.0，飞机达到了音速。这时X-1飞机的燃料几乎用尽，速度变得更快，达到马赫数1.06，这时的高度是13 000米。

尽管试飞成功，但由于X-1飞机不是靠自身的动力起飞升空，这个纪录没有被承认。

人类的好朋友：超声波

200多年以前，意大利有一位科学家叫斯勃拉采尼，他曾花了好几年的时间，专门研究蝙蝠的行为。他发现蝙蝠既不靠眼睛也不靠鼻子辨别方向，而是靠耳朵辨别方向。但是斯勃拉采尼始终也没搞清楚其中的奥秘。

现在我们知道，蝙蝠是靠发射一种人类听不见的声波——超声波，然后接收反射回来的超声波来判断飞行方向的。人们还受蝙蝠的启发，制成现代的无线雷达和超声雷达。

那么何谓超声波呢？人能听到的声波的频率大约从 20 赫兹到 2 万赫兹，频率低于 20 赫兹的叫次声波，高于 2 万赫兹的就叫超声波。蝙蝠发出的超声波的波长约为 0.5 厘米，在飞行时每秒钟发出大约 30 个超声讯号，在接近障碍物 1 米时，增加到每秒中 60 个讯号。

现代制造超声波的仪器，其主要部件是一块压电石英晶片，在频率高达几十万赫兹的交变电压的作用下，产生规则的振动，发出超声波。

超声波具有极为广泛的应用，它可以用来清洗钟表一类的精密零件；也可以清洗大型的导弹壳体、核反应堆里的热交换器；它可用于钻孔，切割坚硬的物体；它还能使两种不能混的液体混合起来，还可用来为食物杀菌。利用超声波可以制成超声雷达，对海洋的开发和利用具有重要意义。超声波还可以用于金属探伤和处理植物种子等。但超声波的利用还有待科学家们的探索和开发。

如果你仔细观察一下透过室内的一束光线中的空气，就会发现有许多小微粒到处飘浮，这就是灰尘。因为灰尘很轻，重力还不足以把它们拉到地面上，所以它能浮在空中。工厂的烟囱里冒出团团黑烟，污染了城市，损害了环境。怎样把灰尘、黑烟除掉呢？现在人们想出了办法，只要安装一个超声波除尘器，空气就能被净化了。

超声波为什么能有这样高的除尘本领呢？因为超声波的振动频率比普通声波要大得多，当它作用到含有灰尘或黑烟的空气中的时候，灰尘或烟气中的微粒就会随着超声波的振动而激烈振动起来，由于小微粒之间互相碰撞，它们会互相黏合起来，形成较大的颗粒，重力就会使它们下沉，于是灰尘降到地面，烟囱里的烟尘降到烟囱底部。这就是超声除尘。

在金属或其他物品的表面上，沾污着油垢或别的脏物，也可以用超声波来清洗。只要把待洗的物品（如金属机件）浸到盛有清洗液（如肥皂、汽油等）的缸子里，然后再向清洗液里通进声波，一会儿工夫，物品表面的油污或脏物就去掉了。

为什么超声波有这么强的去污本领呢？

原来，当超声波遇到某种物体时，由于声波的振动，使物体分子受到压缩和舒张两种作用，物体所受到的压力发生了交替变化。在这种情况下，物体所受到的压力等于大气压加上声压（空气被声波压缩时），或等于大气压减去声压（空气被声波舒张时）。

超声清洗设备

平时，声压非常小，但超声波能携带很大的能量，它所产生的声压也很大。例如，当一般强度的超声波通过水中时，产生的附加压力可以达到好几个大气压。由于液体比较能经受得住附加压力，而经受不住附加拉力，在拉力集中的地方会发生碎裂，这种碎裂会产生许多小空泡。小空泡一瞬间又会崩溃，崩溃时产生很强的冲击波。

因为超声波频率很高，使这种小空泡急速地生而灭，灭而生。借助它们不断产生的冲击波，可以把金属机件表面的油垢或杂质清洗掉。超声波除污又快又干净，而且无孔不入，无垢不除，令人十分满意。如洗手表，人工洗要把零件一件件拆卸开来，很麻烦，工效也很低。用超声波洗只要把整块机芯浸到汽油里，几分钟就洗好了。

超声波可以帮助我们清洗光学镜头、仪表元件、医疗器械和半导体器件等许多重要的精密零件，甚至有一些尖端工业部门也要用超声波来帮忙。像在导弹惯性制导系统中，齿轮上不容许沾染一点儿污垢，这用普通方法洗很难达到要求，而超声波能干得很好。

超声波还可用于食品的消毒。在制造罐头等食品时，一般都要用高温进行消毒杀菌，这常会破坏某些食品的营养成分。而利用超声波进行消毒，不必再加高温，食品的营养成分就可以完好地保存了。

在法国国家研究中心声学实验室附近，科学家们发现一种奇怪的现象，那儿的花长得特别大，甘薯长得像足球一样，萝卜能够长到2.5千克重，蘑菇的直径可以长到60厘米，原因是那里不断有超声波发出来。实验还发现，有些植物的种子用一定频率和强度的超声波处理以后，就能提早发芽，而且苗儿长得更苗壮，还能提前开花结果和增加产量。比如，小麦种子用超声波处理两分钟，发芽率能从91%提高到96%，收成增加将近一成；给棉花种子"听"一会儿超声波，能提前3天吐絮和多结双桃。

超声波为什么能加速种子萌芽，促进植物生长呢？

种子发芽需要水分、氧气和一定的温度。种子外面包着一层严严实实的种子皮，它虽然能保护种子不受损伤，但是，它也同时限制了种子与外界的接触，使种子喝不到足够的水分，"呼吸"也特别微弱，就像睡着一样。即使有了合适的条件，也不易发芽。

当超声波作用于浸泡在水里的种子时，激烈的超声振动会对种子产生一种类似摩擦的作用，使种子皮的透水性和透气性大大增强，并能使种子得到一定的温度。这样，种子吸着水"发胖"，呼吸也加快了，就能提早发芽。

同时，在超声波的作用下，种子内贮存的淀粉、脂肪和蛋白质能更好地溶于水，变成易被种子吸收的养料，种子一发芽，就叫

超声波图像诊断仪

它"吃得饱"，苗儿就长得壮。超声波还有杀菌作用，能杀死潜伏在种子身上的病菌和虫卵，不让它们到大田里为非作歹，因而对植物的生长极为有利。

超声波还有促进植株代谢的功能。由于上述种种原因，超声波能促进植物生长。

不过，植物喜欢的超声波都有一定的频率和强度，如果处理不当，非但不能增产，还会造成种子的死亡和减产。这是需要注意的。

能不能让超声波帮助医生看到人体内部的隐患呢？1942年，一位医师首先报道了他利用超声检测仪诊断颅脑的情况，后来，有许多人从事此项研究。

人们发现，人体各部分都是声波的介质，在各种组织中，声速各不相同，在脂肪中，平均声速为1 450米/秒，在肝中为1 549米/秒，在头盖骨里为4 084米/秒，超声波经过人体各种组织的传播，能量衰减的情况也大不相同，超声波在传播中，遇到各种变化了的部位就会发生反射。这些都为医生们提供了人体内部的信息。在医学家和物理学家共同努力下，一门新兴的学科——超声医学已经诞生了。

雷 达

　　1980年，中国科学院声学研究所制成了一种超声图像诊断仪，医生们利用这台仪器从荧光屏上长时间地观察了人体器官的活动情况，并且进行了照相和录像。

　　超声医学不但研究利用超声诊断疾病，还在研究利用超声治疗疾病，它是一门大有作为的学科。

知识点

雷 达

　　雷达概念形成于20世纪初，意为无线电检测和测距的电子设备。

　　各种雷达的具体用途和结构不尽相同，但基本形式是一致的，包括：发射机、发射天线、接收机、接收天线，处理部分以及显示器。还有电源设备、数据录取设备、抗干扰设备等辅助设备。

雷达原理是雷达设备的发射机通过天线把电磁波能量射向空间某一方向，处在此方向上的物体反射碰到的电磁波；雷达天线接收此反射波，送至接收设备进行处理，提取有关该物体的某些信息（目标物体至雷达的距离，距离变化率或径向速度、方位、高度等）。

延伸阅读

超声波灭蚊虫

全世界的蚊子有3000多种，叮人吸血，传播疾病。人类曾用多种方法灭蚊，但其仍然十分猖獗。

随着科学的发展，制服蚊虫的现代超声武器——仿生驱蚊器在德国研制成功。不少国家也利用超声波驱蚊灭蚊。加拿大在蒙特利尔市建立了一座驱蚊电台，不停地发射驱蚊信号。韩国生产出一种超声驱蚊器，不仅能驱蚊而且还能损害蚊虫的神经系统，有的国家利用超声波增加音乐信号，成功地研制了人工雄蚊音乐驱蚊器。在我国，新近研制成功一台能驱灭蚊虫及蟑螂、老鼠的综合性新武器，远远超过了国外单机驱蚊器的作用。

这台超声灭蚊新武器，不用药，只用一节小电池，装在火柴盒大小的盒子里，可以放在室内、室外，也可放在衣袋里。用时，只要接通电源，它就会发出各种频率的超声波，如雄蚊超声波、蝙蝠捕蚊的超声波；驱赶蟑螂、老鼠及破坏它们神经和生殖系统的超声波，并以扫描的形式连续发射，使蚊子、蟑螂、老鼠死的死，逃的逃。

超声波为什么能消灭蚊虫呢？原来是利用了蚊虫习性的奥秘。雄蚊不叮人吸血，而雌蚊与雄蚊交配后必须叮人吸

超声波驱蚊器

血才能生儿育女。雌蚊在叮人吸血时，同时注入麻醉剂，使人感觉不到。

雄蚊不但不叮人，而且还能起到驱赶叮人吸血的雌蚊的作用。当蚊虫进行群舞交配活动时，雄蚊发出嗡嗡的求偶声吸引雌蚊。雄蚊和雌蚊交配之后，雌蚊立刻逃走，此后它就非常惧怕雄蚊的叫声。第一台驱蚊器就是根据这个道理制造出来的。加拿大的驱蚊电台及一切仿生超声驱蚊器都是发射雄蚊求偶的声音，有的还增加了破坏蚊虫身体机制的超声波等。

功能强大的声呐

电影《冰海沉船》再现了1912年英国大商船在赴美途中与冰山相撞的悲剧。巨大的冰山，大部分淹没在海面以下，值班水手看到海面上的冰山时，已经无法躲避了。茫茫大海，哪里有暗礁，哪里有冰山，这是航海家最关心的。能不能找个水下"千里眼"呢？

人们想到了回声测距。声波在水中传播时，遇到障碍物也会发生反射。

冰海沉船后不久，人们设计了第一个水下目标回声探测仪，让声音给人们当"千里眼"。它的原理和陆地上的回声测距是一样的：从船上发出声波，用水听器接受回波，根据时间差及水中声速求出反射物的距离。

真正的水下"千里眼"是在第二次世界大战期间制成和使用的，它的名字叫"声呐"。

声呐是出色的水下"千里眼"，它利用声波在水中的特性，帮助人们看清了水中的许多秘密。由简单"水听器"演变出来的被动声呐，可以默默无闻地在水下偷"看"潜艇、鱼群，根据目标发出的噪声，可以判断目标的位置和某些特性。实际用得更多的是主动声呐，是由简单的回声探测仪演变而来的，它能主动地发射超声波，仔细地收测各种回波，运用计算机计算发射与回收讯号的时间差，从而确定目标的位置、形状，甚至可以判断潜艇的性能。

声呐在水中显示了出色的本领。光波和无线电波在水下会遇到许多麻烦，水有吸收电磁波的特性，光波在海里走上100米就会衰减掉99％，唯有声波在大海里跑得最远，衰减得最慢。要看那龙宫之谜，雷达只能望洋兴叹，声呐才是真正的水下"千里眼"。

现代侧扫声呐能使我们看清海底地貌，清晰地把海底表面的情况在纸上画出来，连20厘米的高度差都能辨别，赛过了火眼金睛。

声呐这个"千里眼",不但能让我们看到水中的秘密,还能帮助我们看到工件内部有没有损伤。

1943年1月,天气非常寒冷。一艘美国新造的巨型油轮正在交付使用,突然发生了事故:油舱不可思议地裂为两截。

据当事人回忆,油舱断裂前有一种嚓嚓的声响。这声响和那灾难是否有关系呢?

精确的科学实验证明,材料承受机械负载时,它的内部会发射声波(包括听不见的次声波和超声波)。这种现象就叫声发射。强的声发射人耳可以听到,一般的声发射,我们是听不到的。

油舱断裂前的"嚓嚓"声绝非偶然,它是一种声发射。许多重型机械与大型工程结构发生断裂之前都有过类似的嚓嚓声。尤其严重的是,这些机械往往没有超载,事故是在安全应力下发生的。嚓嚓声是多么危险而又多么重要的信号呵!

那么,能不能利用声发射来预测断裂呢?

20世纪50年代初,德国科学家凯塞尔在做金属拉伸实验时,发现金属试样变形会发出微弱的声音。这些微弱的声响使他想起了巨轮断裂等一系列事故,便对金属在拉伸或其他变形中的声发射现象进行了深入的研究。

凯塞尔和他的同事们发现,金属在塑性变形时发出的声响是由于内部产生位错运动而引起的。

要说明位错运动,就要从晶体结构谈起。

不计其数的固态物质共分两大家族,金属所属的家族名曰"晶体",食盐、水晶、冰都是晶体。晶体中的分子、原子或离子是按照一定规则排列的,好像运动场上的运动员表演"叠罗汉",每个运动员在空间都有一定的位置。叠罗汉的队形尽管变化多端,却都是由那些"罗汉"组成。晶体分子、原子或离子的"队形",叫做晶格。在金属中的分子或原子虽每"人"都有一定的位置,但总有少量不守纪律者站错了队,而且在其中"暗藏"着外来的"奸细"——杂质。这些地方就是"位错",在那里隐藏着内部的"破坏分子"。堡垒是最容易从内部攻破的,而位错则是个缺口。倘若有外力加在构件上,位错的地方就会出现裂口。"千里之堤溃于蚁穴",位错的运动往往导致裂纹和断裂。

重要的是,位错的运动并不是默不作声的,那些"破坏分子"的运动会产生音响,这就是声发射。既然位错运动是断裂的前提,而声发射又是位错引起的,利用声发射来预测断裂,查找缺陷,防止事故,当然是可以的。

问题并不那么简单,金属的声发射信号远比周围的噪声微弱,而且有相当多是超声与次声。靠我们的耳朵去听,常常听不到,或者听到时已经无力挽救了。

到了20世纪60年代,由于科学技术有了较快的发展,利用电子技术已经能把声发射信号和环境声区别开。电子"耳朵"能"听"到位错的动静,于是产生了理论的声发射检测技术。

近10年来,声发射技术发展很快,在航空、航天、原子能以及金属加工方面大显身手;在巨大的高压容器、发动机和核反应堆旁,声发射监测器正在默默无闻地工作着,保卫着人们的安全。

知识点

声呐的结构及分类

声呐装置一般由基阵、电子机柜和辅助设备3部分组成。基阵由水声换能器以一定几何图形排列组合而成,其外形通常为球形、柱形、平板形或线列行,有接收基阵、发射基阵或收发合一基阵之分。电子机柜一般有发射、接收、显示和控制等分系统。辅助设备包括电源设备、连接电缆、水下接线箱和增音机,与声呐基阵的传动控制相配套的升降、回转、俯仰、收放、拖曳、吊放、投放等装置,以及声呐导流罩等。

声呐的分类可按其工作方式,按装备对象,按战术用途、按基阵携带方式和技术特点等分类方法分成各种不同的声呐。例如按工作方式可分为主动声呐和被动声呐;按装备对象可分为水面舰艇声呐、潜艇声呐、航空声呐、便携式声呐和海岸声呐等。

延伸阅读

动物的声呐系统

海豚声呐的灵敏度很高,能发现几米以外直径0.2毫米的金属丝和直径1

毫米的尼龙绳，能发现几百米外的鱼群，能遮住眼睛在插满竹竿的水池中灵活迅速地穿行而不会碰到竹竿。

海豚声呐的"目标识别"能力很强，不但能识别不同的鱼类，区分开黄铜、铝、电木、塑料等不同的物质材料，还能区分开自己发声的回波和人们录下它的声音而重放的声波；海豚声呐的抗干扰能力也是惊人的，如果有噪声干扰，它会提高叫声的强度盖过噪声，以使自己的判断不受影响。

而且，海豚声呐还具有感情表达能力，已经证实海豚是一种有"语言"的动物，它们的"交谈"正是通过其声呐系统。尤其是仅存于世的 4 种淡水豚中最珍贵的一种——我国长江中下游的白鳍豚，它的声呐系统"分工"明确，有为定位用的，有为通讯用的，有为报警用的，并有通过调频来调制位相的特殊功能。

多种鲸类都用声呐来探测和通信，它们使用的频率比海豚的低得多，作用距离也远得多。其他海洋哺乳动物，如海豹、海狮等也都会发射出声呐信号，进行探测。

终身在极度黑暗的大洋深处生活的动物是不得不采用声呐等各种手段来搜寻猎物和防避攻击的，它们的声呐的性能是人类现代技术所远不能及的。

前景广阔的次声

次声波和超声波一样，也是人耳朵听不见的声音。所不同的是：强大的超声波传播几百米后就精疲力尽，以至完全消失；次声波在传播过程中，能量却损失很少，因而跑得既快又远。1883 年，印尼克拉克脱火山爆发产生的次声波，绕地球跑了 3 圈，持续了 108 小时。1960 年，智利大地震发出的次声波竟传遍了全世界。

次声波由各种物体的机械振动产生，通过各种弹性介质的振动向四周扩散传播。许多自然现象出现时，如海上风暴、火山爆发、地震、大陨石坠落、大气湍流、海啸、电闪雷鸣、波浪击岸、水中旋涡、空中湍流、台风、磁暴、极光、冰雹等等，都可伴有次声波的发生；在与人类有关的活动中，诸如核爆炸、飞机、火箭、导弹飞行，火炮发射，火车和地铁高速行驶时车身板壁与车内空气的次声频耦振，轮船航行，飞驰的车辆，高楼和大桥摇晃，甚至鼓风机、搅拌机、扩音喇叭等都会产生很强的次声波。

在海洋、地层等光和无线电波几乎"寸步难行"的领域，次声波却能出入自由。正因为它有这种特性，所以可以用来勘探埋藏很深的矿藏，测定同温层中冷热空气团的分布，检查运转着的机器的隐患。还可以用来进行海啸、风暴、火山爆发、磁暴等自然现象的预报。高灵敏度的次声探测器，还可用来监视火箭发射和核试验。目前，用这种方法已能"听"到 1 500 千米外阿波罗宇宙飞船的火箭发射，也能测知 5 000 千米外地震的发生。

人体也在时刻不停地向四周发射次声波。心脏每分钟跳动 70 次，发出每秒振动 1.2 次的次声波；肺部每分钟呼吸 18 次，发出每秒振动 0.3 次的次声波。血管的张缩，胃和肠的蠕动，以及其他器官的活动，都会发射出不同频率的次声波，它们像广播电台一样，用不同频率向外播音。因此，医生可以用特殊的次声波"收音机"收听人体中各种"播音"，了解它们的工作情况，做出正确的诊断。

核爆炸声波

次声波在农业生产中，还有一套耐人寻味的本领呢！二十几年前，科学工作者曾做过试验：在农作物试验的温室旁边，安装一个低速电动机，让它每天早晨空转 1 小时，花卉开放得早。这说明，电动机空转时产生的次声波，能促进农作物生长。

生理学告诉人们，人体及各器官的固有频率主要在 3～17 赫兹之间。这个固有频率正好属于次声的频率范围。所以虽然人的耳朵听不到次声，但人的内脏却可以"听"到。尤其是当某一次声与人体某一器官的固有频率相同时，便会发生"共振"，这种共振现象会使人体或某些器官产生强烈振动，而造成损伤甚至危及生命。

某些自然现象例如台风、海啸、火山爆发等都可以产生次声波。由于这种次声波方向不集中，扩散迅速，一般情况下不会对生物起到杀伤作用。但也有过"次声杀人"的报道：1948 年 2 月，一艘名叫"乌兰•米达"的荷兰货船，在通过马六甲海峡时，全体船员和船员携带的一条狗，突然同时死亡。所有死者都没有外伤，也没有中毒现象。据专家研究后断定杀人的凶手正是次声。

次声波所具有的神奇威力，引起了国外军事科学家们的极大兴趣，自20世纪60年代起，国外就竞相研究次声武器，美、法、日、俄等国都已研制出了次声枪和次声炸弹。目前研究的次声武器按其发射频率和作用于人体部位的不同，可分为两大类，即"神经型"次声武器和"器官型"次声武器。

"神经型"次声武器发射的次声频率和人脑的固有频率（8～12Hz）相近，这种次声波作用于人体时，会刺激人的大脑，使之共振，对人的意识和心理产生一定的影响，轻者感觉不适，注意力下降，情绪不安，头昏、恶心；严重时使人神经错乱，癫狂不止，休克昏厥，丧失作战能力。

"器官型"次声武器发射的次声频率和人体内脏器官的固有频率（4～8Hz）接近，当其作用于人体时，人体的内脏器官便会产生强烈共振，轻者肌肉痉挛，全身颤抖，呼吸困难；重者血管破裂，内脏损伤，甚至迅速死亡。

制造次声武器的关键是将足够强度的次声波汇集成波束集中地发射出去。这在技术上有相当大的难度。所以次声武器目前仍处在试验探索阶段，还不能成为实用的武器。

知识点

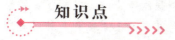

频率单位：赫兹

赫兹是国际单位制中频率的单位，它是每秒中的周期性变动重复次数的计量。赫兹的名字来自于德国物理学家海因里希·鲁道夫·赫兹。

赫兹，德国物理学家，1857年生于汉堡。早在少年时代就被光学和力学实验所吸引。19岁入德累斯顿工学院学工程，由于对自然科学的爱好，次年转入柏林大学，在物理学教授亥姆霍兹指导下学习。1885年任卡尔鲁厄大学物理学教授。1889年，接替克劳修斯担任波恩大学物理学教授，直到逝世。

赫兹对人类最伟大的贡献是用实验证实了电磁波的存在。

延伸阅读

几种次声武器

1. 气爆式次声武器：是将压缩空气、高压蒸汽或高压燃气有控制地以脉冲式突然放出，利用高速排出的气体激发周围媒质的低频振动，形成所需的次声波。这种次声装置因体积小、频率低、易控制，近年发展较快。但其次声波强度较低，近距离使用才有效。

2. 爆弹式次声武器：是利用爆炸产生强次声波，也可称为次声弹。爆炸所释放的能量约有50%形成冲击波，冲击波衰减后又产生次声波。

目前的新型次声弹是将已有的燃料空气弹加以改进，使原来只能形成一个云雾团变成可以形成若干云雾团，并能连续多次引爆。只要控制好云雾团的数量和起爆时间间隔，就能获得所需频率的次声波。

3. 管式次声武器：其构造和工作原理很像乐器中的笛子，当管子中空气柱的振动与管子本身固有频率相同时，就可产生较强的次声波。在管子一端装上一个活塞，用电动机驱动或用气流激励，当振动频率的1/4波长与管子长度相等时，可获得最强的次声波。但要产生次声波，管子必须足够长。

4. 扬声器式次声武器：其工作原理与扬声器相似。采用特殊的振动膜片，膜片振动可产生一定频率的次声波。但要产生一定强度的次声波，除要求较高的振幅外，还必须使振动膜面积足够大，其周长大致要与次声波波长相当。

5. 频率差拍式次声武器：是采用两个不同频率的声波发生器同时工作，利用它们频率的相差来获得需要的低频次声波。其中有一种方法是利用压电晶体产生两束频率稍有差异的超声波，两者作用产生高频和低频声波，高频声波是两者频率之和，低频声波是两者频率之差，高频声波在空气中很快衰减，低频声波（次声波）则直达目标。这种方式能量转换率高，并可制成小型武器。

热学大视野
REXUE DASHIYE

　　热现象是到处都有的：食堂或家庭里，每天要用热来炒菜做饭；火力发电厂用热来发出大量的电，供给人们使用；炼钢厂为了炼出好钢，想方设法来提高炉子的温度；冷藏库、电冰箱等设备，却恰恰相反，为了防止所保存的物品腐烂变质，必须把温度降到0℃以下，在科学研究中，利用测定热量的方法，能够判断爆炸的威力……另外，人们每天都要了解当天或第二天的气温，以便做好防热或御寒工作。

　　随着科学技术的进步，人类利用热源的种类不断增加，技术也日益提高。今天，人们不仅能够利用各种各样煤柴油气火焰作热源，而且能利用电、原子核的反应来作热源。同时，对自然界的一些天然热源，如太阳能、地热等，也能够初步控制和利用了。

　　热，有着很深的内涵，不是简单一两句说完的，下面还是让我们一起去研究探讨吧！

热是怎样传导的

　　取一个盛水的烧杯，里面放进几条小鱼。把烧杯斜放在架子上。杯口下面放一盏燃烧着的酒精灯。烧了一会，杯口的水开始沸腾，小鱼仍然在里面悠然自得地游着。用手摸一摸烧杯的底部，原来杯子底部还是凉的。

如果找不到烧杯和小鱼，也可以用玻璃试管和小冰块做这个实验：给试管里装上冷水，在冰块上缠一段金属丝（不然的话，冰块在水中会浮起来），放到试管里。在试管中部裹一条布片，以便把试管斜着提起来。用一支燃烧着的蜡烛，加热试管的上部，过一会儿，就发现火焰以上的水沸腾了，可是下面的冰块并没有融化完。

这个实验表明，水是热的不良导体。那么，你会问，既然水是不善于传导热的，为什么能烧开呢？它是怎样传导热的呢？

让我们再来做一个实验：

在盛水的试管里或烧杯里，放入一些锯末，然后把试管或烧杯放在酒精灯上加热。过一会儿，可以看到有一些锯末向上浮起，另一些锯末却向下沉降，上升的锯末和下降的锯末相对运动着。加热的时间越长，锯末的这种上下相对运动就越快，水烧开后，这种运动更剧烈。

我们知道，锯末本身在水里是不会运动的，因此，上面的实验显示的情况告诉我们，水被加热的时候会发生相对运动，是水带动锯末上下翻腾。因为在加热的过程中，试管或烧杯下部的水首先受热，体积膨胀变轻，向上浮起，而上部的水没有受热，比下部受热的水重，就向下沉降。这样不断地上下运动，全部水就逐渐地热起来，直到沸腾。

这种传递热的过程叫做热对流，是热传递的又一种方式。热对流只能在被加热的液体（或气体）里进行，明白了这个道理，你就可以解释在上部已经沸腾的水中，小鱼不死、冰块不融化的原因了。

我们站在火炉或火堆附近的时候，身体向着火的一面就感觉到热，甚至觉得很灼热。奇怪，空气是不良导体，不善于传导热。是空气对流传递热的吗？也不完全像，因为人的感觉不是全身都热，只是向着火的一面感到热。

那么这热主要是通过什么方式传递的呢？

经过实验分析得知，这是热的另一种传递方式——热辐射。所谓热辐射，就是热量从热源沿直线直接向四周发射出去。太阳和地球之间，有着很大的真空带，不存在传导和对流，太阳的热就只能用辐射的方式传给地球。

热辐射的强弱是能用仪器测量的，这里介绍一种测量热辐射的仪器——辐射计的制作方法：

找一只废灯泡，用锉刀小心地把头部从焊接处锉掉，拆去里面的灯柱和灯丝，只留下一个空灯泡。

用厚纸板剪一个小圆片，圆片的直径要比灯泡颈口的内径小一点，在圆片中央打一个小孔；找一段长3厘米左右的细木棍，把它的一头插进小孔里。

再做一个小风车：找2厘米长的空心麦秆或稻秆（用细玻璃管更好）做风车的转动轴管，在轴管上纵向粘上4片风车叶片。叶片用包香烟的锡纸做，一面用煤油灯的烟熏黑，另一面保持光亮。把一根缝衣针扎在细木棍的上端，做风车的转动轴，再把做好的风车轮套在针上，然后给针眼穿上销子，以防风车轮滑掉。

用一只盘子装一融化了的蜡烛油。在风车底部的圆片上放一些融化了的蜡烛油。在风车底部的圆纸片上放一些氯化钙，往空灯泡里充进水蒸气后，赶快把灯泡罩在风车上，并使圆纸片嵌入灯泡口内，再迅速地把灯泡口浸到蜡烛油里。等到蜡烛油冷却凝固后，灯泡就成了密封容器，又由于氯化钙会吸收水蒸气，灯泡里很快接近真空。最后用一个方木块，中央挖一个圆坑，把灯泡固定起来，一个简单的辐射计就算做成了。

把辐射计放在火炉附近，炉子的热就辐射到风车叶片上。因为叶片黑的一面会吸收辐射热，光亮的一面会反射辐射热，结果两面受力不等，风车就转动起来了。风车转得越快，表明热辐射越强。

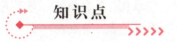

知识点

辐 射

自然界中的一切物体，只要温度在绝对温度零度（-273℃）以上，都以电磁波的形式时刻不停地向外传送热量，这种传送能量的方式称为辐射。物体通过辐射所放出的能量，称为辐射能。

辐射有一个重要的特点，就是它是"对等的"。不论物体（气体）温度高低都向外辐射，甲物体可以向乙物体辐射，同时乙也可向甲辐射。这一点不同于传导，传导是单向进行的。

辐射能被物体吸收时发生热的效应，物体吸收的辐射能不同，所产生的温度也不同。因此，辐射是能量转换为热量的重要方式。辐射传热依靠电磁波辐射实现热冷物体间热量传递的过程，是一种非接触式传热，在真空中也能进行。

太阳能量辐射与地球

地球上除原子能和火山、地震、潮汐以外,太阳能和其他一些恒星散发的能量是一切能量的总源泉。到达地球大气上界的太阳辐射能量称为天文太阳辐射量。在地球位于日地平均距离处时,地球大气上界垂直于太阳光线的单位面积在单位时间内所受到的太阳辐射的全谱总能量,称为太阳常数。如果将太阳常数乘上以日地平均距离作半径的球面面积,这就得到太阳在每分钟发出的总能量,这个能量约为每分钟 2.273×10^{28} 焦。而地球上仅接收到这些能量的 22 亿分之一。太阳每年送给地球的能量相当于 100 亿亿度电的能量。太阳能可以说是取之不尽、用之不竭的,又无污染,是最理想的能源。

太阳每时每刻都在向地球传送着光和热,有了太阳光,地球上的植物才能进行光合作用。植物的叶子大多数是绿色的,因为它们含有叶绿素。叶绿素只有利用光的能量,才能合成种种有机物,这个过程就叫光合作用。据计算,整个世界的绿色植物每天可以产生约 4 亿吨的蛋白质、碳水化合物和脂肪,与此同时,还能向空气中释放出近 5 亿吨的氧,为人和动物提供了充足的食物和氧气。

冰棍冒"气"的奥秘

炎热的夏天,热气逼人,吃上一根冰棍才舒服呢!你注意过吗,冰棍从冷藏箱里拿出来往往还冒"气"哩!

真有趣,通常只有热的东西才冒气,冰棍为什么会冒气呢?

夏天的气温比冰棍的温度高得多,冰棍一遇到空气就要融化,融化时要从周围的空气中吸收大量的热,使空气的温度下降。平时空气里含有一定量的水蒸气,由于温度突然降低,就达到饱和或过饱和状态。也就是说,冰棍周围的空气由于温度降低,便容纳不下原来所含的那么多水蒸气了。在这种情况下,多余的水蒸气就结成微小的水珠,形成一团团飘浮着的雾状水滴,经光线照射,就成了白色的水汽。

云、雾、雨、雪形成的原因也是这样。江河湖海里的水，受到阳光照射后，不断地变成水蒸气，飘散在空气中，含有水蒸气的空气受热上升，升到一定高度，遇到冷空气，就凝成一团团悬浮的小水滴，这便是云。靠近地面的水蒸气，遇冷也能结成一团团悬浮的小水滴，这就是雾。所以云和雾在本质上是相同的。在合适的条件下，云里的小水滴不断地合并成大水滴，直到上升的气流托不住它的时候，便降落下来，形成雨。如果是冬季，这些水滴就结晶成雪花漫天飘舞。不过，空气中饱和水汽的凝结，必须有它凝结的"核心"才行，这个核心就是飘浮在空气中的尘埃，它是促进云、雾、雨、雪形成的必要条件之一。

云雾的秘密，使英国物理学家威尔逊受到很大启发。经过研究，他于1894年发明了一个叫"云雾室"的装置，它里面充满了干净空气和乙醇（或乙醚）的饱和气。如果闯进去一个肉眼看不见的带电微粒，它就成了"云雾"凝结的核心，形成雾点，这些雾点便显示出微粒运动的"足迹"。

因此，科学家可以通过"云雾室"，来观察肉眼看不见的基本粒子（电子、质子等）的运动和变化情况。同时，还发现了不少新的基本粒子。威尔逊云雾室，为研究微观世界作出了卓越贡献，1927年，他因此荣获了诺贝尔物理学奖。

知识点

诺贝尔物理学奖

诺贝尔物理学奖是根据诺贝尔的遗嘱而设立的，是诺贝尔奖之一。诺贝尔奖是以瑞典著名化学家、硝化甘油炸药发明人阿尔弗雷德·贝恩哈德·诺贝尔的部分遗产作为基金创立的。

诺贝尔物理学奖旨在奖励那些对人类物理学领域里作出突出贡献的科学家。由瑞典皇家科学院颁发奖金，每年的奖项候选人由瑞典皇家自然科学院的瑞典或外国院士、诺贝尔物理和化学委员会的委员、曾被授予诺贝尔物理或化学奖金的科学家，在乌普萨拉、隆德、奥斯陆、哥本哈根、赫尔辛基大学、卡罗琳医学院和皇家技术学院永久或临时任职的物理和化学教授等科学家推荐。

"十雾九晴"有道理吗

时至初冬,我们经常会发现早上有雾当天多半是晴天,这就是我们常说的"十雾九晴"。

"十雾九晴"指的是深秋、冬季和初春的时候,大雾多发生于晴天。雾与晴天有没有关系?有什么关系?

据资料表明,根据成因,雾一般分为4种:

雾是指在气温下降时,在接近地面的空气中,水蒸气凝结成的悬浮的微小水滴或冰晶。据资料表明,根据成因,雾一般分为4种:

1. 辐射雾。晴朗无风或微风的夜晚,地面辐射冷却使贴近地面空气层中水汽凝结而成的雾,日出前雾最浓,日出后随地面气温升高而逐渐消散或上升为层云,其厚度一般为100~200米,最薄者只有2~3米。

2. 平流雾。暖空气移行到较冷的地面上,其下部分水汽冷凝结成雾。平流雾的生、消和发展主要取决于暖湿平流的特性,一般来说它比辐射雾范围广、厚度大、时间长,日变化也不很明显。平流雾形成于冬季热带暖湿气团移行在高纬寒冷地区时;春夏大陆暖气团移行到较冷海面上时;冬秋季海洋暖湿气团移行到较冷陆地时;海洋上暖湿空气移行到冷海面和冷暖洋流交汇处时。

3. 蒸发雾。冷空气移到较暖水面上,水面蒸发加快,使水汽达到饱和状态而形成雾。

4. 锋面雾。是暖锋锋前降雨蒸发后使低层空气达到饱和形成的雾。

很显然,这里所指的"雾"应该是"辐射雾"。它的形成是因为晴朗的夜晚,无云或者是少云,大气逆辐射弱,对地面的保温作用较差,地面强烈辐射冷却使得近地面大气层中的水汽遇冷凝结形成雾。同时因为无云、少云,大气对太阳辐射的削弱作用减小,特别是云层的反射作用减弱,直接到达地面的太阳辐射较多,因而当天多半气温较高,天气晴朗。

颜色与热有什么关系

两个完全相同的玻璃瓶，把其中的一个外面涂上黑色，另一个外面涂上白色。然后装进质量相同、温度相同的冷水，并各插入一支温度计，放在太阳下面晒。过一会儿即可发现，温度计的读数不再相同了，放在黑色玻璃瓶里的温度计指示的温度较高。这说明：黑色物体比白色物体吸收辐射热的本领强。

把这两个瓶里的水倒掉，重新换上质量相同、温度相同的热水，放到冰箱冷藏室里，过一会儿又可发现，两支温度计的读数又不相同了。这一次，放在黑色玻璃瓶里的温度计具有较低的读数。这说明：黑色物体比白色物体向外辐射热的本领强。

上面的两个实验告诉我们，热辐射与物体颜色的深浅有关。颜色越深的物体，吸收或者辐射热的本领越强；颜色越浅的物体，吸收或者辐射热的本领越弱。

炎热的夏天，人们喜欢穿白色或浅色的衣服，严寒的冬天，人们喜欢穿黑色或深色的衣服，就是为了适应不同的气候。

我国西北的高山上终年积有冰雪，山下却经常干旱。新中国成立后，政府便派飞机飞到雪山上空，撒下大量的煤粉，给白雪披上黑装，太阳一晒，冰雪就会融化，汇成水流，流下山来，解决旱情。

近年来，太阳能热水器得到了广泛的应用，它可以利用阳光为人们提供热水。这类装置虽然形式不同，但却有共同的特点：都有一个黑色的采热器。

冬天取暖的火炉涂成黑色，是为了增强火炉向周围辐射热的本领。为了降低幻灯机、变压器的温度，也常常把它们涂成黑色，以增强它们向外辐射热的本领。

1978年8月间，三位美国飞行家乘坐一只名叫"双鹰2号"的大型充氦气球，飘行万里，首次成功地横渡了大西洋。"双鹰2号"的制作者们精心地设计了它的套袋。他们把球体的上半部分涂成银白色，下半部分涂成黑色，远远望去，就像穿上了白衣黑裙。白天烈日当空，气球吸热后体积变大，就会上升。银白色的"上衣"将太阳的大部分热反射出去，可以防止气球升得过高而发生危险。到夜晚，气温降低，气球收缩，又有可能急剧下降，落到海里。但是，夜晚海水的温度比气温要高，所以黑色的"裙子"能够尽量地吸收海面辐射的热量，避免气球的温度下降太多。这身不被人注意的白衣黑裙，对于保证气球的正常飞行，起了重要作用。

飞到太空去的宇宙飞船，更要考虑在飞行的时候，向阳那面的温度会高到100多摄氏度，背阴那面的温度却要低到零下200多摄氏度，高低相差300多摄氏度。有什么办法来调节这悬殊的温差呢？你或者会说就像"双鹰2号"气球那样，把飞船向阳的那一面涂成白色，背阴的那一面涂成黑色，行不行呢？

不行。因为飞船和气球不一样，它的向阳面和背阴面要时常变换。而且如果没有可吸的热，黑色将会起着很快向外散热的作用呢！

科学家们为飞船设计了合适的衣服：在飞船壳体外表面，整个都涂上一层蓝色或银白色的涂料。阳光照在它上面的时候，可以防止温度剧烈升高；它背向太阳的时候，白色又可以起到减少向外散热的保护作用。在飞船壳体的内表面，都涂上了一层黑漆，就像一层黑色的衣服里子。由于它吸热和散热的本领都比较大，可以使壳体内部温度高的那一面的热量大量释放出来，同时使温度低的那一面大量把热吸收进去，从而使舱内的温度保持均衡。

那么，黑色为什么吸收热量多呢？

表面一黑一白，大小相同的两块金属都加热到500℃，哪个辐射的能量多？是黑色的。设想你有一个密封的盒子加热到500℃，盒内一半衬有表面是黑色的金属，一半衬有表面是白色的金属，两者不接触，它们只有通过辐射交换热量。一部分热量由黑金属块辐射到白金属块，一部分由后者辐射到前者。这两部分必定相等，否则散发热量多的一边将很快变得比另一边冷。能量自动地由低温处流向高温处是不可能的。表面是黑色的一侧，能把所有的辐射到它上面的热量都吸收，若物体温度保持恒定，它将辐射出同样多的热量——物体表面吸收的热量与其放出的相同。

我们知道一个好的吸收器必定是一个很好的辐射器，一个好的反射体却是一个很糟的辐射体。

在白色表面上，对于辐射到其上的热量大部分将被反射，而只吸收一小部分，因此它辐射的热量也少。黑白表面之间的能量流是相等的，因为白色表面辐射较少是由它反射较多热量来补偿的。由此我们得出在500℃时，黑色金属比白色金属辐射的热量多。这便是为什么好的散热器表面总要涂成黑色的缘故。

另外，如果白色表面被破坏了，它的反射能力就会减弱。相应就会吸收更多的辐射。如果我们将白色表面破坏得使它的反射能力和黑色表面一样，这样它对热辐射的吸收应该同黑色表面一样。它就和黑色表面起一样的作用，这就意味着它应和黑色表面一样辐射能量。

我们是怎样改变白色表面的呢？我们在白色表面上刻下许多划痕，当划痕很深时，它们就像小空腔一样起到能隔住进入其中的辐射作用。大部分进入空腔的辐射是不能被反射出来的，它们最终被吸收了，空腔起了辐射陷阱的作用。事实上，无论空腔是由金、银、铜、铁，还是碳制成的，它们的效果都如同黑色的空腔。

黑色和白色，深色和浅色，不仅把我们的生活点缀得绚丽多彩，而且在很多地方默默地帮助我们工作。

   知识点

太阳能热水器

太阳能热水器把太阳光能转化为热能，将水从低温度加热到高温度，以满足人们在生活、生产中的热水使用。太阳能热水器按结构形式分为真空管式太阳能热水器和平板式太阳能热水器，目前以真空管式太阳能热水器为主。

真空管式家用太阳能热水器是由集热管、储水箱及相关附件组成，把太阳能转换成热能主要依靠集热管。集热管利用热水上浮冷水下沉的原理，使水产生微循环而得到所需热水。

 延伸阅读

夏天穿黑袍子的贝都因人

在炎热的夏天，应该穿白色的衣服还是应该穿黑色的衣服？似乎人人都知道当然应该穿白色的衣服。可是生活在沙漠中的贝都因人，却世世代代都穿黑色的袍子度过夏天。

这件反常的事情，引起了科学工作者的兴趣。他们在阳光下进行测试，黑色袍子表面温度（47℃）比白色袍子表面温度（41℃）要高，同时黑色的东西更容易吸收阳光的辐射。

他们又测了地面附近空气的温度，那里是38℃，这个温度比袍子里空气的温度要低一些。这就是说，无论是黑袍子还是白袍子，里面的空气温度比地面附近空气的温度都高。这样就会发生对流现象，袍子里的热空气上升，周围的空气来补充，袍子里面形成由下而上的气流。

贝都因人穿的袍子非常肥大，不会妨碍气流流动。由于黑袍子里的空气和地面空气的温度差比白袍子里的大，对流也比白袍子里强一些。对流产生的气流把衣服表面传来的热量带起，并加速了汗水的蒸发。所以穿黑袍子的人比穿白袍子的人觉得更舒服一些，贝都因人也许早就知道这个道理。

对流可以算是最古老的知识，但是使人感到意外的是，至今还没有人详细而定量地列出对流计算方程。科学界虽然涌现过无数聪明才智的人，但是谁也没有最后解决这个问题。对流在许多领域里的应用，还等待人们去发现。在地壳内部，对流使海底产生一系列的裂变；岩浆的对流驱使着大陆板块慢慢漂移；在太阳上对流引起光球层激烈的运动；在盐湖里，特殊的对流过程，使人利用盐湖收集太阳光，提供大量电能……

温度胀缩的妙用

豆腐本来是光滑细嫩的，冰冻以后，它的模样为什么会变得像泡沫塑料呢？

豆腐的内部有无数的小孔，这些小孔大小不一，有的互相连通，有的闭合成一个个小"容器"，这些小孔里面都充满了水分。

我们知道，水有一种奇异的特性：在4℃时，它的密度最大，体积最小；到0℃时，结成了冰，它的体积不是缩小而是胀大了，比常温时水的体积要大10%左右。当豆腐的温度降到0℃以下时，里面的水分结成冰，原来的小孔便被冰撑大了，整块豆腐就被挤压成网络形状。等到冰融化成水从豆腐里跑掉以后，就留下了数不清的孔洞，使豆腐变得像泡沫塑料一样。冻豆腐经过烹调，这些孔洞里都灌进了汤汁，吃起来不但富有弹性，而且味道也格外鲜美可口。

很早以前，我国人民就已经懂得了冰冻膨胀的原理，并利用它来开采石头：冬天，他们在岩石缝里灌满水，让水结冰膨大，把巨大的山石撑得四分五裂，很快就能采到大量的石料。

工业生产上出现了一种巧妙的新工艺——"冰冻成型"，也是冰冻膨胀原理的应用。办法是：根据零件的形状，用强度很高的金属，做一个凹形的阴模和一个凸形的阳模，把要加工的金属板放在两个模的中间，在阳模和密闭的外壳之间，灌满4℃左右的水，然后把这个装置冷却到0℃以下。这时，由于水结冰，体积膨胀，所产生的巨大力量把阳模压向阴模，便把金属板压成一定形状的部件了。

由于水在4℃时的密度最大，体积最小，水温低于4℃时体积反而增大，所以，在4℃时水就不再上下对流了。因此，到了冬季，寒冷地区的江河湖海，表面上虽然结了厚厚的冰层，但下面水的温度却保持在4℃左右，这就给水生物创造了生存的环境。

馒头，是我国人民的主要食品之一。制作馒头的关键是发酵。酵母菌可以使面团的淀粉发生化学变化，生成糖、醇和酸等，并且放出二氧化碳气。但是，加热方法如果不适当，比如直接放在锅上烙，由于受热不均匀，只能变成皮硬内软的"烤饼"；要想得到暄松的馒头，必须请高温蒸气来帮忙。当人们把揉好的生馒头坯放进蒸笼后，高

冻豆腐

温蒸气很快把馒头包围起来，从四周给馒头均匀地加热。

馒头里面的二氧化碳受热膨胀，可是又不容易冒出来，只能在里面钻来钻去，于是便胀出许许多多小空泡，使馒头又松又暄。如果在面里放些糖，发酵充分，蒸气温度高，供汽又猛，就可以蒸出表面开裂的"开花"馒头。这样的馒头，富有弹性，吃起来香甜可口。

在蒸馒头的过程中，我们是用高温水蒸气作为介质来给馒头加热的。在日常生活中，利用介质加热的例子很多，例如做饭炒菜要加水，炒板栗、花生和豆子要用细沙。水和细沙也是常用的传热介质。

气体受热膨胀也往往会给人们带来麻烦。炎热的夏天，汽车轮胎和自行车轮胎有时会"放炮",就是因为胎内气体受热膨胀,压强增大,大到一定程度,车胎就被胀破了。所以,热天给车胎充气不宜太多,要留有余地。

知识点

发 酵

发酵有时也写作酦酵,其定义由使用场合的不同而不同。通常所说的发酵,多是指生物体对于有机物的某种分解过程。发酵是人类较早接触的一种生物化学反应,如今在食品工业、生物和化学工业中均有广泛应用。

工业生产上笼统地把一切依靠微生物的生命活动而实现的工业生产均称为"发酵"。这样定义的发酵就是"工业发酵"。工业发酵要依靠微生物的生命活动,生命活动依靠生物氧化提供的代谢能来支撑,因此工业发酵应该覆盖微生物生理学中生物氧化的所有方式:有氧呼吸、无氧呼吸和发酵。

延伸阅读

"冻短"的塞纳河大桥

1927年12月,欧洲报纸上登出了这样一条惊人的消息:法国遭到连续几天严寒的袭击,巴黎市中心的塞纳河桥受到严重的破坏。桥的铁架遇冷收缩,因此桥面上的砖突起碎裂。桥上交通只得暂时断绝。大桥居然被冻短了!

原来,这是冷缩的结果。我们知道,一般的物体都会遇热膨胀,遇冷收缩。例如钢轨的温度从0℃升高到1℃,它的长度就会增加原长的0.000 011倍。在炎热的夏天,赤日照在钢轨上,温度可以达到30℃~40℃,摸起来烫手;在严寒的冬天,钢轨又会冷到-25℃,甚至达到-40℃。就算夏天和冬天温度只差50℃吧,北京到太原的铁路长514千米,冬夏之间就差上大约280米!所以,铁路路面的钢轨并不是密接的,每根钢轨之间都留有一定的间隙。你也许会说,把铁桥固定住,不让它热胀冷缩不行吗?这可不容易,热胀冷缩产生的力是巨大的。如果拿一根外径216毫米、壁厚8毫米、长100毫米的钢管，我们把它的两端牢牢固定，从0℃加热到100℃，钢管向外的推力竟能达到127吨！反过来，当这个钢管从100℃的高温降到0℃时，也会产生那么大的拉力。如果建筑物里埋下这种钢管，恐怕过不了几个月后，就会千疮百孔了。为了避免因热胀冷缩影响建筑物的结构，各种热气管和热液管都要在管道中安装伸缩管，当导管热胀冷缩时，只改变伸缩管的弯曲程度，不会影响其他部分。也许你会接着问：塞纳河大铁桥遇冷收缩了，它上边的砖和水泥也要遇冷收缩，为什么会把砖压坏呢？这是由于桥和砖冷的程度不同造成的。

温度升高时，固体的长度增长叫固体的线膨胀。温度上升1℃固体线度的增加距与0℃时线度的比叫做线胀系数。不同物质的线胀系数是不同的。铁的线胀系数是0.000 012，钢的线胀系数是0.000 011，水泥的线胀系数是0.000 014。这样，不同物质有时会互相挤压，有时会互相远离，于是就会发生塞纳河大铁桥之类的事故。

烫不破的茶杯

一位有经验的家庭主妇，当她把热茶倒到客人的茶杯里去的时候，为了避免杯子破裂，总不会忘记把茶匙放在杯子里，最好是银茶匙。是生活上的经验教会她这个正确做法的。那么，这个做法的原理是什么呢？

首先，我们要明白，在倒开水的时候，杯子为什么会破裂。

究其原因是玻璃的各部分没有能够同时膨胀，倒到杯子里的开水，没有能够同时把茶杯烫热。它首先烫热了杯子的内壁，但是这时候，外壁却还没有来得及给烫热。内壁烫热以后，立刻就膨胀起来，但是外壁还暂时不变，因此受到了从内部来的强烈的挤压。这样外壁就给挤破了——玻璃杯破裂了。

千万不要以为杯子厚就不会烫裂。厚的杯子在这方面来说，恰好是最不可靠的；厚的杯子要比薄的更容易烫裂。原因很明显，薄的杯壁很快就会烫透，因此这种杯子内外层的温度很快会相等，也就会同时膨胀；但是厚壁的杯子呢，厚层的杯壁要烫透是比较慢的。

在选用薄的杯子或者别种薄的玻璃器皿的时候，有一点不要忘记：不但杯壁要薄，而且杯底也要薄。因为在倒开水的时候，烫得最热的恰好是杯子的底部。假如底太厚的话，那么，不论杯壁多么薄，杯子还是要破裂的。厚厚的圆底脚的玻璃杯和瓷器，是很容易烫裂的。

玻璃器皿越薄，对它加热就越可以放心。化学家就是使用非常薄的玻璃器皿的，他们用这种器皿盛了液体，就直接在酒精灯上烧到沸腾，一点也不怕它会破裂。

当然，最理想的器皿应该是在加热时候完全不膨胀的那一种。石英就是膨胀系数非常小的一种材料，它的膨胀程度大约只等于玻璃的 $1/20\sim1/15$。

用透明的石英制成的厚壁器皿，可以随意加热也不会破裂。可以把烧到红热的石英器皿丢到冰水里，也不必担心它会破裂。这一半是因为石英的导热度也比玻璃大。

玻璃杯不只在受到很快加热之后才会破裂，就是在很快冷却的时候，也有同样的情形发生，原因是杯子各部分冷缩时候所受的压力并不平均。杯子的外层受冷收缩，强烈地压向内层，而内层却还没有来得及冷却和收缩。因此，举例来说，装有滚烫果酱的玻璃罐，绝不可以立刻放到严寒的地方或直接浸到冷水里面去。

银茶匙

让我们再回到玻璃杯里的银茶匙上来，究竟银茶匙是怎样保证杯子不破裂的呢？

玻璃杯的内外壁，只有当开水一下子很快倒进去的时候，受热程度才会有很大差别；温水却不会使杯子各部分受热有很大差别，因此也不会产生强大的压力，杯子也就不会破裂。假如杯子里放着一柄银茶匙，那么会发生什么情形呢？

当开水倒进杯子的时候，在还没有来得及烫热玻璃杯（热的不良导体）之前，会把一部分的热分给了良导体的金属茶匙，因此，开水的温度减低了，它从沸腾着的开水变成了热水，对玻璃杯就没有什么妨碍了。至于继续倒进去的开水，对于杯子已经不那么可怕，因为杯子已经来得及略为烫热了。

总而言之，杯子里的金属茶匙，特别是这柄银茶匙如果非常大，是会缓和杯子受热的不平均，因而可以防止杯子的破裂的。

但是，为什么说茶匙假如是银制的，就会更好一些呢？因为银是热的良导体，银茶匙要比不锈钢的茶匙散热得更快。你一定知道，放在开水杯里的银茶匙是多么烫手！单凭这一点，就已经可以毫无错误地确定茶匙的原料了，钢制的茶匙一般是不会感到烫手的。

玻璃器壁膨胀不平衡的现象，不但威胁玻璃杯的完整，并且还威胁蒸气锅炉的重要部分——用来测定锅里水位的水表管。水表管只是一段玻璃管，由于内壁受到蒸气和锅里沸水的作用，要比外壁膨胀得多。

此外，蒸气和水的压力更加强了管壁上所受的压力，因此，这个管子（水表管）很容易破裂。为了防止它破裂，有时候用两层不同的玻璃管来做，里面一层的膨胀系数比外面一层小。

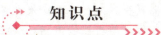

知识点

膨胀系数

膨胀系数是表征物体热膨胀性质的物理量，即表征物体受热时其长度、面积、体积增大程度的物理量。长度的增加称"线膨胀"，面积的增加称"面膨胀"，体积的增加称"体膨胀"，总称之为热膨胀。单位长度、单位面积、单位体积的物体，当温度上升1℃时，其长度、面积、体积的变化，分别称为线膨胀系数、面膨胀系数和体膨胀系数，总称之为膨胀系数。地质工作中，作为评价膨胀珍珠岩原料（珍珠岩、松脂岩、黑曜岩）及蛭石等绝热保温材料矿产的技术指标。

延伸阅读

银的其他妙用

使用银茶匙能很好地防止玻璃杯炸裂，也许你还不知道，银还有很强的杀菌能力呢！

公元前300多年，希腊王国皇帝亚历山大带领军队东征时，受到热带痢疾的感染，大多数士兵得病死亡，东征被迫终止。但是，皇帝和军官们却很少染疾。这个谜直到现代才被解开。原来皇帝和军官们的餐具都是用银制造的，而士兵的餐具都是用锡制造的。银在水中能分解出极微量的银离子，这种银离子能吸附水中的微生物，使微生物赖以呼吸的酶失去作用，从而杀死微生物。

银离子的杀菌能力十分惊人，十亿分之几毫克的银就能净化1千克水。

普通的抗生素仅能杀死6种不同的病原体，而含银的抗生素则能杀死650种以上的病原体。所以，人类在2000年前就知道用银片作外科手术的良药，用银煮水治病。

我国古代法医早就懂得用"银针验尸法"来测定死者是否中毒而死，帮助破获了不少谋杀案件。

银的这种特性如果加以利用，可以预防一些自然灾害。如：火山爆发及某些大地震前，地表均有可能渗出含硫的气体。这种气体会使银器的表面很快变成黑色，从而显示出火山将要爆发、大的地震将要来临的某种征兆。

冰屋子能住吗

冰是冷的象征，一提到它，人们就会不寒而栗。但是，在冰雪凛冽的冬天，生活在北极圈里的因纽特人，却凭着用冰垒成的房屋，熬过严寒的冬天。

在北极圈内，冬天的天气非常奇怪。第一，冬天的时间特别长。在那里，冬天不是3个月，而是半年以上。第二，黑夜的时间特别长。在因纽特人生活的地方，冬天的太阳，不是早晨从东方升起，傍晚到西边落下，而是每天仅在正南方显露一下，使人们说不清那时是早晨还是傍晚。所以在北极圈内，冬天的日照时间非常非常短，那里冬天的气温往往低到零下50多摄氏度。再加上寒风不断地袭击，因纽特人要想在野外度过冬天，是绝对不可能的事。他们必须想方设法建房保温，防寒过冬。

北极圈里，有取之不尽的冰，又有用之不竭的水。每当冬天到来之前，因纽特人都要建造冰屋。他们就地取材，先把冰加工成一块块规则的长方体，这就是"砖"；用水作为"泥"。材料准备好以后，他们再选择好的地方，泼上一些水，垒上一些冰块；再泼一些水，再垒一些冰块；前边不断地垒着，后边不断地冻结着，垒完的房屋就成为一个冻结成整体的冰屋。这种房屋很结实，被誉为因纽特人令人羡慕的艺术杰作。

因纽特人的冰屋是怎样起到保暖防寒作用的呢？

首先，由于冰屋结实不透风，能够把寒风拒之屋外，所以住在冰屋里的人，可以免受寒风的袭击。

其次，冰是热的不良导体，能很好地隔热，屋里的热量几乎不能通过冰墙传导到野外。

再次，冻结成一体的冰屋，没有窗子，门口挂着兽皮门帘，这样可以大大减少屋内外空气的对流。

正因如此，冰屋里

因纽特人的冰屋

的温度，可以保持在零下几摄氏度到零下十几摄氏度，这样相对于零下50多摄氏度的野外，要暖和得多。因纽特人穿上皮衣，在这样的冰屋里完全可以安全过冬。当然，冰屋里的温度比起我们冬天的室内温度要低得多，而且冰屋里也不允许生火取暖，因为冰在0℃以上就会融化成水。

当北半球转入夏天时，北极圈内的气温便不断升高。温度一旦超过0℃，冰屋就会慢慢地融化。当下一个冬天到来之前，因纽特人又要再造新的冰屋。随着科学技术的进步和交通运输的发展，现代的因纽特人已经有了用钢筋、水泥建造的永久性住宅。但是，回顾历史，冰屋在因纽特人的生存和发展中，曾起了重要的作用。

知识点

极夜现象

地球在围绕太阳旋转的时候，赤道平面并不和公转的轨道平面垂直，它们相交成23°26′的夹角。每年春分，太阳直射地球的赤道。然后地球渐渐移动，到了夏天，日光直射到北半球来。经过秋分，太阳再直射赤道。到了冬季，太阳又直射南半球去了。

在夏季这段时间，北极地区整天在日光照耀之下，不管地球怎样自转，北极都不会进入地球上未被阳光照到的暗半球内，一连几个月都能看见太阳。秋分以后，阳光直射到南半球去，北极进入了地球的暗半球里，漫漫长夜方才降临。在整个冬季，日光一直不能照到北极。所以北极半年是白昼（从春分到秋分），另半年是黑夜（从秋分到春分）。同样的道理，南极也是半年白昼，半年黑夜，只不过时间和北极正好相反。

北极和南极哪里更冷

一般而言，南极要比北极平均温度更低，其主要有两方面原因：

1. 南极是陆地，北极是海洋。水与陆地相比，有一种十分重要的物理性能，就是在吸收（释放）相同的热量时，温度变化不大，而陆地的温度变化要大得多。也就是说，相同质量的水和陆地，释放相同的热量，水的温度降低幅度小，而陆地温度降低幅度大。所以，北极和南极在冬季时，释放的热量可能差距不大，但温度差距很大，南极温度低，北极温度高。

2. 南极是高原大陆，平均海拔2350千米，是七大洲中最高的大陆，在空气平流层内，高度每上升100米，温度下降0.6℃，所以，南极比北极冷。而且北半球最冷的地方不在北极，而在俄罗斯的雅库茨克，就因为那里海拔比北极高很多。

温度高的水先结冰还是温度低的水先结冰

人们通常都会认为，一杯冷水和一杯热水同时放入冰箱时，冷水结冰快。事实并非如此。

1963年的一天，在地处非洲热带的坦桑尼亚一所中学里，一群学生想做一点冰冻食品降温。一个名叫埃拉斯托·穆宾巴的学生在热牛奶里加了糖后，准备放进冰箱里做冰淇淋。他想，如果等热牛奶凉后放入冰箱，那么别的同学将会把冰箱占满，于是就将热牛奶放进了冰箱。过了不久，他打开冰箱一看，令人惊奇的是，自己的那杯热牛奶已经变成了一杯可口的冰淇淋，而其他同学用冷水做的冰淇淋还没有结冰。他的这一发现并没有引起同学们的注意，相反成为他们的笑料。

他去请教物理老师，为什么热牛奶反而比冷牛奶先冻结？老师的回答是："你一定弄错了，这样的事是不可能发生的。"

后来穆宾巴进了伊林加的姆克瓦高中，他向物理老师请教："为什么热牛奶和冷牛奶同时放进冰箱，热牛奶先冻结？"老师的回答是："我所能给你的回答是：你肯定错了。"当他继续提出问题与老师辩论时，老师讥讽他："这是穆宾巴的物理问题。"

穆宾巴想不通，但又不敢顶撞老师。一个极好的机会终于来到了，达拉斯萨拉姆大学物理系主任奥斯玻恩博士访问该校，做完学术报告后回答同学的问题。穆宾巴鼓足勇气向他提出问题："如果你取两个相似的容器，放入等容积的水，一个处于35℃，另一个处于100℃，把它们同时放进冰箱，100℃的水先结冰，为什么？"

奥斯玻恩博士的回答是："我不知道，不过我保证在我回到达拉斯萨拉姆之后亲自做这个实验。"结果他和他的助手做了这个实验，证明穆宾巴说的现象是事实！这究竟是怎么一回事呢？

有科学家为了揭开上述令人费解之谜做了大量实验，惊奇地发现，不同初温的水结成的冰的结构不同。这就启发科学家观察水正在结冰时的情况。结果果然不同。冷水结冻时：冰呈包围状由外向内层层结冻。而热水则多数是：先在内外同时形成絮状冰，然后迅速同时结冻。这足以证明冷水结冻时内部还没能达到冰点。而热水由于对流较强内外同时达到冰点，这种水在絮状冰出现时对流仍然存在，能把内部散热及时导出，所以这种水先完全结冻。

热水最后结成的冰是上下纵向排列的"立茬冰"，这就是絮状冰出现后上下对流仍然存在的物证。冷水结冰是由外向内层层渐进的，只有外层冰温度低于0℃后，才能使内层散热开始结冰，其结冻时以热传导途径为主散热，所以从开始结冰到完全结冻需要更长的时间。

如果两杯水初温与冷冻室温度差都低于20℃，冷却时均难形成较强对流，则散热都以热传导为主，这样两杯水同时冷却则初温低者先结冻。若两杯水初温与冷冻室温度差不同时，且只有初温高者对流较强，可以形成絮状冰而内外同时结冻，先完全结冻。若两杯水温度都较高，而初温低者率先结成絮状冰，则初温低者先完全结冻。所以并非温度越高结冻越快,也非温度越低结冻越快。

知识点

冰

自然界中的水,具有气态、固态和液态3种状态。我们称液态的为水,气态的水叫水汽,固态的水称为冰。当1个标准大气压时温度降到0℃时水就会变成冰。但实际情况并非如此简单。一方面自然界中的水不是纯净的水,里面溶解了很多物质,水的凝固点降低,水需在0℃以下才能冻结;另一方面,当温度刚好由0℃以上降到0℃时,水是不会结冻的,因为结冰时放出的潜热很大,如果正好是冰点,刚生成的冰晶又会很快融化掉。所以,一般温度在0℃以下河水才出现冻结现象。另外,当温度降到0℃以下时水有可能还是不能结成冰,这时称为"过冷水"。

延伸阅读

电冰箱的工作原理

电冰箱是保持恒定低温的一种制冷设备。也是一种使食物或其他物品保持恒定低温冷态的民用产品。箱体内有压缩机、制冰机用以结冰的柜或箱,是带有制冷装置的储藏箱。

电冰箱的工作原理:

压缩式电冰箱:该种电冰箱由电动机提供机械能,通过压缩机对制冷系统做功。其优点是寿命长,使用方便,目前世界上绝大多数的电冰箱属于这一类。以单门电冰箱为例,我们先来了解一下它的主要结构和工作原理。

电冰箱由箱体、制冷系统、控制系统和附件构成。在制冷系统中,主要组成有压缩机、冷凝器、蒸发器和毛细管节流器4部分,自成一个封闭的循环系统。其中蒸发器安装在电冰箱内部的上方,其他部件安装在电冰箱的背面。系统里充灌了一种叫"氟利昂12"的物质作为制冷剂。"氟利昂12"在蒸发器里由低压液体汽化为气体，吸收冰箱内的热量，使箱内温度降低。变成气态的"氟利昂12"被压缩机吸入，靠压缩机做功把它压缩成高温高压的气体，再排入冷凝器。在冷凝器中"氟利昂12"不断向周围空间放热，逐步凝结成液体。这些高压液体必须流经毛细管，节流降压才能缓慢流入蒸发器，维持在蒸发器里继续不断地汽化，吸热降温。就这样，冰箱利用电能做功，借助制冷剂"氟利昂12"的物态变化，把箱内蒸发器周围的热量搬送到箱后冷凝器里去放出，如此周而复始不断地循环，以达到制冷目的。

吸收式电冰箱：该种电冰箱可以利用热源（如煤气、煤油、电等）作为动力。利用氨－水－氢混合溶液在连续吸收－扩散过程中达到制冷的目的。其缺点是效率低，降温慢，现已逐渐被淘汰。

半导体电冰箱：它是利用对PN型半导体，通以直流电，在结点上产生珀尔帖效应的原理来实现制冷的电冰箱。

化学冰箱：它是利用某些化学物质溶解于水时强烈吸热而获得制冷效果的冰箱。

电磁振动式冰箱：它是用电磁振动机作动力来驱动压缩机的冰箱。其原理、结构与压缩式电冰箱基本相同。

太阳能电冰箱：它是利用太阳能作为制冷能源的电冰箱。

红外电视——监视火情的哨兵

一个平静的夜晚，忽然烟火冲天，一场火灾发生了。消防人员及时赶到现场，投入了紧张的灭火战斗。可是让人着急的是，由于浓烟遮挡，消防人员一时看不清火源在哪里，只好大范围地铺开进行灭火。经过紧张战斗，大火扑灭了，这时候人们才发现，火源原来就在某层楼的一个房间角落里。

如果研制出一种专门的仪器使消防人员一到失火现场就能马上探测到起火地点，那样就能赢得时间，加快灭火，减轻灾情，减少人民生命财产的损失，该是一件多有意义的事啊！

现在，科技人员已经研制成功一种叫做热释电摄像机的仪器，也就是红外热电视。这种电视可以用来探测火源，检查火灾隐患，对火灾进行监视和及时报警，被人们誉为"监视火情的哨兵"。

红外热电视摄像机，依靠被摄物体发出的红外线来摄像，被摄物体上的温度越高，发出的红外线越强，拍摄出的图像也就越清晰。利用这个特性，红外热电视就能不受烟雾、阴云和风雨等各种自然条件的限制，非常灵敏地对各种火情进行检查，把火灾消灭在刚刚露头的时候。

红外热电视可以做得很小、很轻，携带方便，这样就能用来对一些可能存在的火灾隐患的场所（如木材厂、木材加工车间存放木屑、锯末的地方，纺织厂的棉花堆，卷烟厂的烟垛等），

随时进行检查，看看有没有隐患暗火或者内部温度升高的情况。在粮食仓库里，粮食发霉之前会发热，温度要升高。用红外热电视摄像机可以灵敏地检测出粮仓内部的温度变化情况，及时采取措施，防止粮食发霉变质。

红外热电视还可以对一个地区或者一个城市进行火灾监视和报警。一台比较成熟的红外热电视摄像机，加上大视角的镜头，可以监视大约五六平方千米范围内的火情。它随时显示出这个地区的热分布情况，为消防人员提供可靠的火情情报。

红外热电视摄像机配上火灾识别器、自动跟踪系统、搜索机构和望远镜，就构成了一种新型的"城市火情自动监控系统"。它可以自动搜索和发现五六千米远处两三平方米那么大小的火源，并能自动跟踪和报警。对于一个中小县城来说，有一个这样的设备就够了；一个中等城市需 3～5 个；一个大城市也只需要 5～7 个这样的设备就可解决问题。利用这样的城市火情监控系统，可以实现消防指挥调度自动化，为及时发现火灾、消灭火灾；提供了现代化的技术手段。

知识点

红外线

红外线是太阳光线中众多不可见光线中的一种，由英国科学家霍胥尔于 1800 年发现，又称为红外热辐射，他将太阳光用三棱镜分解开，在各种不同颜色的色带位置上放置了温度计，试图测量各种颜色的光的加热效应。结果发现，位于红光外侧的那支温度计升温最快。因此得出结论：太阳光谱中，红光的外侧必定存在看不见的光线，这就是红外线。也可以当作传输之媒介。

红外线热效应的应用

主动式红外夜视仪：具有成像清晰、制作简单等特点，但它的致命弱点是红外探照灯发出的红外光会被敌人的红外探测装置发现。20世纪60年代，美国首先研制出波动式的热像仪，它不发射红外光，不易被敌发现，并具有透过雾、雨等进行观察的能力。

1982年4—6月，英国和阿根廷之间爆发马尔维纳斯群岛战争。4月13日半夜，英军攻击阿根廷守军据守的最大据点斯坦利港。3 000名英军布设的雷区，突然出现在阿军防线前。英国的所有枪支、火炮都配备了红外夜视仪，能够在黑夜中清楚地发现阿军目标。而阿军却缺少夜视仪，不能发现英军，只有被动挨打的份。在英军火力准确的打击下，阿军支持不住，英军趁机发起冲锋。到黎明时，英军已占领了阿军防线上的几个主要制高点，阿军完全处于英军的火力控制下。6月14日晚9时，14 000名阿军不得不向英军投降。英军凭借红外夜视器材赢得了一场兵力悬殊的战斗。

红外热成像仪：红外热成像仪是根据凡是高于一切绝对零度以上的物体都有辐射红外线的基本原理，利用目标和背景自身辐射红外线的差异来发现和识别目标的仪器。

特点：由于各种物体红外线辐射强度不同，从而使人、动物、车辆、飞机等清晰地被观察到，而且不受烟、雾及树木等障碍物的影响，白天和夜晚都能工作。是目前人类掌握的最先进的夜视观测器材。但由于价格昂贵，目前只能被应用于军事上。

电与磁的奥秘
DIAN YU CI DE AOMI

想象一下，如果没有了电，我们的生活将会变成什么样子？电脑关闭了，电话不通了，手机失去了信号，收音机沉默了，冰箱失去了用武之地，汽车不能启动……我们可以想象，但又不敢想象这将是一个什么样子的世界。

关于电，人类很早就开始关注了，自然界的闪电是电的一种现象。1752年，富兰克林在雷电中做了一个著名的风筝实验，再通过研究，逐步揭示了电的性质，并提出了电流这一术语。电流现象的研究，对于人们深入研究电学有着重要的意义。人类在探索电的道路上越走越远，尤其后来电磁感应现象的发现，将电与磁联系在了一起，更是开辟一个广阔的前景。

头发为何直立

100多年前，一位科学家正在山顶上做实验，突然他的长头发竖立起来了，就像上面有一种无形的力量牵着头发往上提一样。他惊奇地抬起头来一看，天空中除了一片乌云外，别的什么东西也没有。等到这块乌云飘过去以后，这种奇怪的现象也消失了。

是什么东西在跟这位科学家开玩笑呢？我们还是用实验来说明吧！

找一些长15厘米左右的细头发丝（或者细塑料丝），像绑刷子一样把它们绑在一根筷子的一端，把筷子竖直固定起来。然后拿一个比较强的带电体（例如用毛皮摩擦过的硬塑料板）靠近筷子的上方，你会发现头发丝一根根直立起来了。把带电体移走以后，它就恢复了原状。

这种奇怪的现象原来是静电导演的。乌云就是一个大的带电体，它把科学家的头发吸得立起来了。那么，乌云离头发还有挺大的一段距离，为什么能够把头发吸起来呢？

物理学家发现，静电荷总是向四面八方伸出无形的"手"，它能够把跟自己性质相同的电荷推开，而把跟自己性质不同的电荷拉过来。人们把静电荷所具有的这种特性，叫做"静电场"。

静电场是静电荷激发出来的特殊物质，人的眼睛看不见，手摸不着。带电体就是通过静电场的作用，使靠近它的导体小的正负电荷发生分离，并把同于自己的电荷赶到远离自己的一端，把不同于自己的电荷吸引到靠近自己的一端，这时导体对外显示出电性；把带电体移去，导体里的正负电荷又回到原来的位置，对外不显电性了。这种带电体不接触某导体而能使导体暂时带电的现象，叫做"静电感应"。云层在飘浮的过程中，由于摩擦就带上了电，在它的周围形成了电场，使电场内的导体感应起电。这就是那位科学家"怒发冲冠"的秘密。

最早发现"电"现象的是古希腊人。据记载，大约在2 500多年前，古希腊就盛行用琥珀做装饰品。琥珀是一种树脂化石，晶莹透明，色彩艳丽，把它做成珠子、耳环、镯子等佩戴起来，非常美观。

在用琥珀加工这些装饰品的过程中，人们发现了一个奇怪现象：刚刚磨制过的琥珀能吸引毛发、线头等小东西。当时谁也解释不了这种现象的本质，因为它是发生在磨制后的琥珀上，所以就把这种现象叫做"琥珀之力"。后来由希腊文"琥珀"一词演变出"电"这个新词。这种"电"现象是由于摩擦引起的，人们就叫它"摩擦起电"。

这件事引起了学者们的注意，随着科学技术的发展，研究"摩擦起电"的人渐渐多起来了，有人还制造出各种形式的起电器来进行实验。

1600年，英国的吉尔伯特发现玻璃、火漆、硫黄、水晶、胶木等，用呢绒或丝绸摩擦后，也都能吸引轻小物体。科学家还发现，这些物体上所带的电是不流动的，因此把它叫做"静电"，或者"静电荷"。

所有的静电荷都一样吗？我们可以通过实验来验证。

找几张日历纸片，用火把它烤热，同时把这两张纸片在头发上摩擦几下，然后先把一张纸片平放在桌子上（摩擦面朝上），再把另一张纸片往第一张上面

琥珀

放（摩擦面朝下）。你会发现纸片之间有一股阻力，很不容易把它们放到一起。

我们做这个实验的时候，两张纸片都是跟头发摩擦才带上了电，所以它们带的是相同性质的电荷。带有相同电荷的纸片互相排斥，说明同性电荷是互相排斥的。

早在1747年，美国科学家富兰克林在实验中就发现，用丝绸摩擦过的玻璃棒和用毛皮摩擦过的橡胶棒带的电荷不同，他把玻璃棒带的电荷叫正电荷，把橡胶棒带的电荷叫负电荷。

从上面的实验得知：凡是跟玻璃棒上的电荷互相排斥的电荷，都属于正电荷；凡是跟橡胶棒上的电荷互相排斥的电荷，都属于负电荷。一般说来，不论用什么方法给物体起电，所带的电荷不是跟玻璃棒上的电荷相同，就是跟橡胶棒上的电荷相同。所以自然界只存在正、负两种电荷。

静电的用处很多。静电拣茶机就是根据静电原理制成的，它有一对分别带着正、负电荷的平行极板。混有茶梗的茶叶经过研磨以后，茶叶和茶梗分别带上不同的电荷，接着利用传送带让它们从平行极板间通过，由于静电作用，就能把茶叶和茶梗分离开。另外，静电除尘、静电植绒等都是静电原理在生活或生产中的应用。

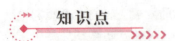

知识点

琥珀

琥珀是数千万年前的树脂被埋藏于地下，经过一定的化学变化后形成的一种树脂化石，是一种有机的似矿物。琥珀的形状多种多样，表面常保留着当初树脂流动时产生的纹路，内部经常可见气泡及古老昆虫或植物碎屑。颜色一般为黄红色调，透明到半透明。在150℃时，琥珀会软化。优质的琥珀可以加工成工艺品，质次的则可以用作化工材料。

最早记录的化石树脂是石炭纪，但琥珀一直到白垩纪早期才出现。著名的琥珀沉积岩来自波罗的海地区和多米尼加共和国。琥珀主要是古代裸子植物的树脂，但现在则有开花类植物所产生的树胶。波罗的海地区琥珀有时含有昆虫或植物的残体。推测该琥珀可能是在原始森林中形成的。

自制简单验电器

一个物体是不是带了电？带的是正电还是负电？人们是没法直接判断的，必须凭借仪器的帮助。下面，我们来做一个最简单的验电器。

找一小块泡沫塑料（用晒干的高粱秆芯或玉米秆芯也行）做成一个小球，然后用一段丝线把它挂在一个支架上。如果在小球外面包上一层锡箔，效果会更好些。

拿一支塑料钢笔杆靠近小球，小球一点也不动；把钢笔杆在头发上摩擦以后，再靠近小球，你就会发现，小球先是被吸引到钢笔杆上，接着又分开了。

塑料钢笔杆在没有摩擦以前不能吸引小球，说明它是不带电的；钢笔杆跟头发摩擦以后能吸引小球了，说明它已带了电。但是，小球和钢笔杆接触后，很快又分开了，又是为什么呢？这是因为接触的时候，钢笔杆把它带的电荷传给了小球，小球和钢笔杆带上了相同的电荷，同种电荷互相排斥，所以小球和钢笔杆分开了。

用这种方法只能知道一个物体是否带电，到底带的是哪种电荷，还确定不了。要想知道带电体上是哪种电荷，事先必须给验电器的小球带上已知的电荷，具体做法是：

把玻璃棒在丝绸上摩擦一会儿，再去接触一下验电器的小球（在接触前必须用手摸一下小球），这时小球就带上了正电荷。然后把要测的带电体靠近小球。如果小球被吸过来,说明带电体带的是负电荷;要是小球被排斥开,说明带电体带的是正电荷。

大自然的放电现象

世界上平均每秒钟就有100次电闪雷鸣,这是天空中云层与云层之间,云层与大地之间通过大气放电所产生的。

雷电期间,天空中的"积雨云"中含有大量的水滴、冰晶和雪珠,随着积雨云的上下翻滚,它们相互摩擦,造成了电荷的分离,使一部分云带正电荷,而另一部分云带负电荷。当相反的电荷量聚集得足够多时,空气的电阻再也阻挡不了相反电子的结合,负电荷区就会快速向正电荷区运动。正电荷区可能是一块云或一片地面,也可能是同一块云里的不同部分,于是,云层之间,或云层与大地之间,就会产生强烈的放电现象,这种放电现象就是闪电。

闪电时的电光经过的地方温度很高,使周围空气受热膨胀,闪电过后,又骤然冷却收缩,这样一胀一缩,空气剧烈振动而发出巨响,这就是雷声。当带电的云接近地面时,由于电的感应作用,使地面以及高耸的房屋、树木等带上相反电荷,因此在云和地面突出物之间也会产生剧烈的放电现象。电闪以每秒110千米左右的速度冲向地面,致使房屋、树木遭到破坏。

人碰到这种情况,就会触电或受击伤亡。为了避免雷击灾害,人们发明了避雷针,来保护高大建筑物不致被雷击损坏。

无论是云层之间,还是云层与大地之间,通过空气放电时,产生的电压均可达上万伏,电流可达几万安培。在闪电的通路上,空气温度高达一两万摄氏度,发出刺眼的闪光。同时空气由于急骤的膨胀和马上收缩而产生的剧烈振动,使雷声震耳欲聋。

在人们的心目中,一般都认为雷电只能击毁房屋、电线、通讯设备、电气设备,给人类带来巨大的损失。然而,随着人们对自然界中雷电现象的不断认识,现在确有必要对雷电的功过进行重新评价。

雷电是带正电荷的阳离子气团和带负电荷的阴离子气团,在高空相撞时产生的剧烈放电现象。在这强烈放电之际,由于空气电离化,伴随着产生大量的臭氧。臭氧是地球上一切生命的保护伞,因为臭氧可以吸收掉大部分强烈的宇宙射线，使地球表面免遭过度紫外线的危害。如果臭氧量减少，来自宇宙的强烈紫外线直达地面，那么地球上生物将会被强烈的紫外线灼伤而无法生存。而产生臭氧和不断地补充来维持臭氧量平衡的正是雷电。

大家知道，氮肥是农作物必需的肥料。在空气中虽然有80%是氮气，但却无法直接为农作物所利用。然而，在雷电发生时，可以电离空气中的氮气和氧气，并化合为一氧化氮和二氧化氮，经高空水滴溶解，成为亚硝酸和硝酸落到地面，这就等于给土壤中施了一次氮肥。据测算，每年因雷雨落到地面的氮素约有4亿吨。真可谓"雷鸣一声，氮肥万吨"啊！

雷 电

另外，雷电还构成了地面和高空之间的电位差。美国的植物学研究表明，地球表面与高空的电位差愈大，植物的光合作用呼吸作用愈强烈，尤其在雷电后的一两天内，植物的生长和新陈代谢特别旺盛。如果在植物的整个生长期内有五六次雷雨，作物的成熟期将可提前4～7天。更有趣的是雷雨后的晴天，阳光穿透云层的能力特别强，阳光中的红色较多，而植物对这种红光波特别敏感，从而有利于农作物的生长发育。

还有，霹雳的震响是一种巨大的声波，它可以震松土壤，促进土壤中有机肥料的分解而便于农作物吸收。所以，历来就有"春雷一响万物复苏"之说。雷声可震醒万物，也可使空气中的一些细菌和微生物在振荡的空气中和轰鸣声中丧生。因此，雷雨过后的空气特别洁净，大大减少流行病的发生。

知识点

避雷针

高大的建筑物也是雷电袭击的主要对象，为了保护建筑物不受雷电的损害，人们发明了避雷针。避雷针竖在需要保护的建筑顶上，比建筑物本身更高、更尖，和大地连接更好，因而更有对感应电荷钻牛角尖的脾气。当带电云和避雷针之间还不足以形成闪电时，避雷针就向带电云放出异种电荷，阻止雷电的形成，而即使电击仍发生，强大的电流也会从避雷针的导线通过，而不会损坏建筑物。

普通避雷针的保护范围是以避雷针尖端为顶，底面直径一般为避雷针高度1~1.5倍的圆锥形，这就要求把避雷针安得越高越好。不过现在已有一种新型避雷针，配有专门离化空气的装置，可使保护半径大大增加，几个这样的避雷针就可以保护一座城市。

延伸阅读

惊蛰与雷鸣

惊蛰，是24节气中的第三个节气。每年3月5日或6日。惊蛰的意思是天气回暖，春雷始鸣，惊醒蛰伏于地下冬眠的昆虫。蛰是藏的意思。

惊蛰雷鸣最引人注意。如"未过惊蛰先打雷，四十九天云不开"。

惊蛰节气正处乍暖还寒之际，根据冷暖预测后期天气的谚语有："冷惊蛰，暖春分"等。惊蛰时节的风也有用来作预测后期天气的依据。如"惊蛰刮北风，从头另过冬"、"惊蛰吹南风，秧苗迟下种"。

现代气象科学表明，惊蛰前后，之所以偶有雷声，是大地湿度渐高而促使近地面热气上升或北上的湿热空气势力较强与活动频繁所致。

从我国各地自然物候进程看，由于南北跨度大，春雷始鸣的时间迟早不一。就多年平均而言，云南南部在1月底前后即可闻雷，而北京的初雷日却在4月下旬。"惊蛰始雷"的说法仅与沿长江流域的气候规律相吻合。

电流是怎样形成的

我们知道，导体能把电荷从一个地方转移到另一个地方，电荷沿着一定方向移动就形成了电流。有了电流，电才能被我们充分利用。我们在家里把开关一拉，电灯亮了；工人站在机器旁把电钮一揿，机器就转动起来了。这都是电流的功劳。是电荷的定向移动形成了电流。

为了说明问题，我们先来做个模拟实验：

找两个一样大小的玻璃杯，都盛半杯水，放在桌子上。再找一根长50厘米左右的软塑料细管，给管里灌满水，用手指堵住两端管口，然后把它的两端分别放进两个玻璃杯里。你看到，两个杯里的水静止不动，还是原来的那么多。

如果你把右边的玻璃杯端高一些，你将会看到，端起的那只玻璃杯里的水逐渐减少，桌上的那只玻璃杯里的水渐渐增多。

要是把端起的玻璃杯放下，把桌子上的那只玻璃杯端高一些，水又往回流了。

这个实验告诉我们，水流动要有一定的条件。

1. 要有水；
2. 要形成水位高低落差来产生水压；
3. 水路要畅通，如果水路不通（比如把塑料管子中间夹住），任凭你把玻璃杯举多高，也不能形成水流。

产生电流的原理跟这很相似。首先，得要有电（即电荷）；其次，导线两端的电位高低不同，以便形成电位差（即形成电压）；再次，要把电路接通。3个条件缺少一个都不行。比如，电路没接通，即使有电压存在，也不会形成电流。

拿人们熟悉的干电池来说，它的顶端中心的铜帽是电位比较高的地方，叫做正极，底端的锌皮是电位比较低的地方，叫做负极。正极和负极之间存在电位差，也就是说形成了一定的电压。我们用导线把一个小灯泡和电池的正负极连接起来，就形成一条电路，导线和灯泡里就有电流通过，小电灯泡马上就亮起来了。

这个电路具备了形成电流的条件,所以能够产生电流,供给灯泡发光。如果导线的某一处断开,或者接头处没接好,电路不通了,虽然电池的正负极之间仍有电压存在,但是没有电流形成,因此,小灯泡就不会亮了。

要是能把大地当作电池,供给我们用电,那该多好啊!下面,我们就来做个实验看看:

在潮湿的地方挖一个深50厘米的坑,竖直埋下一块铜板、一块锌板(面积越大越好),两板相距3厘米左右;在两板上接上导线,用土把坑填平,然后浇上一些盐水。这就是一个大地电池。这种大地电池单个使用时电压很低,如果在地下多埋几组铜、锌片,然后把它们串联起来,就能得到较高的电压。大地电池使用起来很方便,也很经济,只要你经常往极板周围浇盐水,它就能不停地供电了。

你可别小看了大地电,它能反映出大地的状态,很多地震监视站都设有观测"大地电"的装置,大地电的变化情况,是预报地震的一个重要依据呢。

知识点

干电池

干电池属于化学电源中的原电池,是一种一次性电池。因为这种化学电源装置其电解质是一种不能流动的糊状物,所以叫做干电池,这是相对于具有可流动电解质的电池说的。

干电池不仅适用于手电筒、半导体收音机、收录机、照相机、电子钟、玩具等,而且也适用于国防、科研、电信、航海、航空、医学等国民经济中的各个领域,十分好用。

普通干电池大都是锰锌电池,中间是正极碳棒,外包石墨和二氧化锰的混合物,再外是一层纤维网,网上涂有很厚的电解质糊,其构成是氯化氨溶液和淀粉,另有少量防腐剂,最外层是金属锌皮做的筒,也就是负极,电池放电就是氯化氨与锌的电解反应,释放出的电荷由石墨传导给正极碳棒。

识电的蚯蚓

我们知道，给动物的肢体通上适量微弱的电流的时候，它们的肌肉就会颤动。不但这样，有些小动物还具有一种奇特的本领，好像能够识别直流电的方向。你如果不相信，就做个实验看看。

找一张白纸，用水浸湿，平铺在桌子上，把一条洗干净的活蚯蚓放在纸中央。然后拿一只1.5伏的干电池，用导线把负极接到离蚯蚓尾部1厘米的纸上，再用接正极的导线接触蚯蚓头部的纸面。

请你注意观察它的反应：当电路接通的一刹那，只见蚯蚓把身体收缩弯曲起来。如果你把正负电极调换一下，你将会看到。蚯蚓马上把身体伸展开，成为一条直线。

这个实验确实表明，蚯蚓的头尾对正负不同的电极有不同的反应。那么，蚯蚓为什么能够识别电的极性和方向呢？现在科学界还没有确切的答案。

你还可以把2~3只电池串联起来，做上面的实验，看看结果怎样？

还可以用各种盐、碱、酸的溶液（如食盐、食碱、醋等）把纸浸透，做一下上面的实验，看结果又会怎么样？

导体、绝缘体和半导体

当我们身体接触高压电线时，就会触电，甚至死亡。但我们若用一根干燥木棍去接触高压电线时，就不会触电，这是什么道理呢？

1886年，赫兹成功地证明了两个电振荡可以引起共振现象，随后又证明了电磁振荡的存在。1887年11月5日，他把自己的实验结果加以总结后，写在一篇题为"论在绝缘体中电过程引起的感应现象"的论文中，并把它寄给了导师亥姆霍兹。

我们就借助于赫兹的论文题目来谈一谈他所提到的绝缘体和导体。

电子按一定方向运动就形成了电流。各种金属材料，如金、银、铜、铝、铁等，对电流的阻力很小，电流很容易通过它们，这类材料就是导体。

导体之所以能够导电，是因为导体中有能够自由移动的电子。在一般状态下，导体内的大量自由电子总是杂乱无章地运动着。在接通电源后，导体内的自由电子就会向着一个方向移动而形成电流。所以说导体可以导电。

各种非金属材料，比如玻璃、橡胶、陶瓷、塑料、云母、空气等，对电流的阻力很大，电流不能轻易地通过它们，这类材料叫绝缘体。

绝缘体之所以不能够导电，是因为这种材料中全部电子几乎都被束缚在原子或分子范围内，不能自由移动。因此在绝缘体内电子不能从一个地方传到别的地方。正是因为这种材料中缺少电荷的运载者，所以绝缘体不导电。

好的导体和好的绝缘体都是重要的电工材料，在技术上应用很广。金属可以制作电线芯，是因为金属是导体，能够导电；外面包上一层胶皮或者塑料，是因为这些材料是绝缘体，能够防止漏电或触电。许多电子仪器，有的部分需要用导体来做，有的部分又需要用绝缘体来做。

导体和绝缘体并没有绝对的界限，在通常情况下是很好的绝缘体，当条件改变时也可能变成导体。比如，一根干木棒是绝缘体，如果把它弄湿，它就可以导电了。所以，电器的绝缘部分一定要保持干燥，因为绝缘体潮湿了会导电，从而引起漏电和发生触电事故。

除了导体和绝缘体，还有一类材料，如锗、硅、石墨和某些合金等，它们既不像导体那样能很好地传导电流，又不像绝缘体那样完全隔绝电流，导电性介于二者之间，我们把这类材料叫做半导体。半导体导电性较弱的原因，有的是其内部少量自由电子引起的，有的是带正电的"空穴"（原子少了电子就成为空穴）引起的。

由于半导体有许多独特而有用的性质，因而在电子技术和无线电技术中有着广泛的应用。电子工业中使用的半导体二极管、三极管、可控硅元件、集成电路等，都是用半导体材料制成的。

了解了导体和绝缘体的性质后，我们再来看看人体触电。人体和地球都是导体，能够传导电流，因此当人手与通电导体接触时，电流就会经由人体流向地面，构成一个导体——人体——地球的回路。当电流流过人体时，对人体的有机组织，如心脏、大脑等有很强的破坏作用，当电流达到某一值时，心脏和大脑等就会失去工作能力，导致人死亡，因此我们千万别"以身试电"！

知识点

集成电路

集成电路是一种微型电子器件或部件。采用一定的工艺,把一个电路中所需的晶体管、二极管、电阻、电容和电感等元件及布线互连一起,制作在一小块或几小块半导体晶片或介质基片上,然后封装在一个管壳内,成为具有所需电路功能的微型结构。其中所有元件在结构上已组成一个整体,使电子元件向着微小型化、低功耗和高可靠性方面迈进了一大步。

延伸阅读

电子在导体内的运动速度是多少

导体内有大量自由电子,它们居住十分拥挤。如果给导体接上电源,电子在导体中是碰撞着前进的,所以电子运动得非常缓慢,正像很多人要同时通过一个狭长的胡同一样,你拥我挤,是无法走快的。

有人研究过,在一般电压下,单个电子沿导体的移动速度只有每秒钟1~3毫米,每小时也不过是10米远,比乌龟爬行还慢。即使在33万伏的高压下,导体内电子的运动速度也不超过每秒100毫米。

既然电子在导体中走这么慢,为什么一拉开关,灯泡马上就亮了呢?从开关到灯泡的距离,一般情况下也不会少于1米远,打开开关,照电子的运动速度计算,最快地要过5~6分钟电灯才能亮起来。

不过,导体中电流的传播速度和电子的直线运动速度是两码事。在电源接通的一刻,导体靠近电源负极一端的电子,在电源的排斥下,开始向前运动,一运动就碰撞前面的电子,前面的电子又碰撞再前面的电子……如此下去,导体另一端的电子就向电源的正极运动,形成了电流。

这种碰撞的传递过程是在极短时间内完成的，每个电子不需要跑完全程，只要做稍许的移动，就引起了所有电子的定向移动，形成电流。所以导体中电流的传播速度要比电子的运动速度快得多。

电流的传播速度像电磁波一样快，是每秒30万千米，而电子的运动速度正如上面所述，一般不超过每秒3毫米。正是由于电流的传播速度是如此之快，所以一拉电灯开关，灯泡就亮了。

电流通过导体能做什么

我们知道，电动机通电以后就旋转起来，把电能转变成机械能；电炉通电后能发热，它把电能转变成热能；而各种电灯则把电能转变成光能。通过各类电器把电能转变成其他形式的能，我们就说电流做功了。

一般来说，电流通过导体以后，导体都会发热，我们把这种现象叫做电流的热效应。导体的电阻越大，热效应就越强。比如，常用的铜、铝导线，它们的电阻很小，通电后发热是很微弱的。而电炉的炉丝就不同了，它是电阻值很大的电阻丝。所以通电能产生很大的热量。下面我们用铅笔心做个电的热效应实验：

在一根铅笔芯上滴上几滴熔化的蜡。等蜡冷却以后，把铅笔心的两端接到一节（或二节）电池上，过一会儿，你就看到铅笔心上面的蜡又熔化了。

这说明电流通过铅笔心时，转变成热能把蜡给熔化了。

如果给铅笔心接上稳定的持续的低压电源，就可以使铅笔心长时间发热。把它放到鱼缸里，能给水加热，使水保持一定温度，鱼类就能舒舒服服地过冬了。

电炉、电熨斗、电烙铁等都是把电能转变成热能的电器。

室内照明用的电灯，除了发光以外，也会产生一定的热量，不信，做个实验看看：

把一根大头针插在一小块硬纸上，在没有接通电源的情况下用糨糊把纸贴在台灯的灯泡上，让大头针的针尖朝上。然后用3条软纸做一个小风车。把风车放在针尖上，点亮台灯，过一会，风车就会旋转不停了。

人们并没有给风车吹风，它却转起来了，这是为什么？原来电流通过钨丝，不但发光，而且还能产生热量，使灯泡周围的空气变热上升，形成了风，推功风车旋转。

给人们提供热能的电器，它发出的热能越多越好。而有些电器，如电动机、电风扇、交流收音机等，却要尽量让它少发热。不过它们连续使用的时间过长，都不可避免地要发热。因此，使用一定时间就要休息一会，让热量散发后再用，要不然就会因温度过高而被烧坏。一大型的用电设备，都有专门的冷却系统。用通风、通水的办法把热量带走，使电器能够长时间工作。

电流通过固体导体的时候，能够发热、发光，把电能转变成热能和光能，那么，电流通过液体和气体以后将会发生什么情况呢？还是做些实验看看。

电流通过硫酸铜等盐溶液的时候，能发生一些有趣的变化。让我们做个实验观察一下：

在一只玻璃杯里盛上硫酸铜溶液，插入两根碳棒（如电池的碳心）做电极，然后接上3伏的电池。过一时间把碳棒拿出来，你会发现，跟电池负极相连的碳棒表面出现了铜。

我们把上面这种现象叫做电解。电解过程是一种化学变化，所以说电流通过电解质（在水溶液里或熔化状态下能导电的化合物都叫电解质）溶液的时候，把电能转变成化学能了。

根据电解原理，下面我们再做个实验：

找一根小铁钉，用砂纸把表面打磨光，洗干净，拿铜丝把它吊在一只玻璃杯里，再找一块铜片挂在和铁钉相对的位置。给玻璃杯里倒进饱和的硫酸铜溶液，然后接上3伏的电池，铁钉接负极，铜片接正极。过一段时间，你就能发现铜片被腐蚀掉一些，而这些铜却转移到了铁钉上，给铁钉披上了一件薄薄的"铜衣裳"。

在电的作用下，通过化学变化，把一种金属悄悄转移到另一种金属表面上的过程，叫做电镀。

上面做的是电镀铜实验，它的变化过程是：硫酸铜在水里被离解成带正电的铜离子和带负电的硫酸根离子。通电以后，带正电的铜离子向接负极的铁钉移动，在铁钉上得到电子后还原成不带电的铜原子，就附着在铁钉表面上。同时，带负电的硫酸根离子向接正极的铜片移动，并和铜片发生化学反应，把铜原子不断地变成铜离子，补充到溶液里去。这个过程是在电流的作用下完成的，所以电流是一个看不见的"搬运工"。

镀锌、镀银等，和镀铜的原理相同，只是把正极上铜片换成要镀在物体上的金属，把液体换成相应的金属盐的饱和溶液。例如，要给铁钉镀锌，就把铁

钉接负极，锌片接正极，用氯化锌饱和溶液作电解液。

电镀的快慢跟通过的电流成正比，电流大镀得快，电流小镀得慢。不过，小电流比大电流镀出的镀层要细致光亮。

还可以运用电解原理来提纯金属。电解的应用是很广泛的。

知识点

电解的类型

电解按电解质状态可分为水溶液电解和熔融盐电解两大类。

水溶液电解：主要有电解水制取氢气和氧气；电解氯化钠（钾）水溶液制氢氧化钠（钾）和氯气、氢气；电解氧化法制各种氧化剂，如过氧化氢、氯酸盐、高氯酸盐、高锰酸盐、过硫酸盐等；电解还原法如丙烯腈电解制己二腈；湿法电解制金属如锌、镉、铬、锰、镍、钴等；湿法电解精制金属如铜、银、金、铂等。此外，电镀、电抛光、阳极氧化等都是通过水溶液电解来实现的。

熔融盐电解：主要包括：金属冶炼，如铝、镁、钙、钠、钾、锂、铍等；金属精制，如铝、钍等；此外，还有将熔融氟化钠电解制取元素氟等。

电解所用主体设备电解槽的形式，可分为隔膜电解槽和无隔膜电解槽两类。隔膜电解槽又可分为均向膜、离子膜及固体电解质膜等形式；无隔膜电解槽又分为水银电解槽和氧化电解槽等。

延伸阅读

金属上刻字并不难

在金属上刻字，不少人总以为这是一件不容易的事，但事实，只要我们掌握了电解原理，那就变得很容易了：

找一块铜片，把表面用砂纸打磨光，用水洗干净，晾干后投入熔融的蜡中，使它表面沾上一层薄薄的蜡。然后用铁笔（或铁钉）在涂蜡的铜片上写上字，或者画上图案。注意：一定要把字迹处的蜡去干净，露出光亮的铜。最后把它作为正极板接入电路，插到电解液（硫酸铜溶液）里。至于负极板，用什么金属都行，当然把要镀上铜的东西当负极板，那就更好了。

接通电源（3伏的电池），过一段时间，把铜片取出，去掉上面的蜡层，要刻的字就在铜片上显示出来了。

这实际上就是电解原理的具体应用。因为被蜡封盖的铜片，只有刻字露铜的地方能通过电流，发生电解作用，把那里的铜"挖"走了。有蜡的地方铜片不会被电解，仍保持原样。因此，铜片去掉蜡层以后就显出字迹来了。

在锌板、银板等其他金属板上刻字，原理和方法都是一样的。

不管多么复杂的字和花纹，只要你把它在蜡膜上刻出来，电就能不走样地把它刻在金属板上，真算得上是刻字能手了。

指南针揭示的奥秘

磁现象是自然界存在的一种物理现象，人类认识磁现象就是从发现天然磁体开始的。据古书记载，我国远在两千几百年前的春秋战国时期，就有人发现了一种能吸铁的"石头"，它好像慈祥的母亲吸引孩子一样，所以，当时给它起名叫"慈石"，后来才管它叫"磁石"，这就是我们今天所说的磁铁，通俗的名字叫"吸铁石"。

后来人们又发现。一个自由旋转的磁体，在静止的时候，总是停在南北方向上，即它的一端永远指向南方，另一端永远指向北方。为了研究和使用方便起见，把指南的一端叫S极，指北的一端叫N极。现在，常用的人造永久磁体有条形、针形、

异极相吸

棒形、蹄形等多种形状。

一个能自由旋转的磁体，在静止的时候，总是指向南北方向。人们了解到磁体的这种特性以后，就利用它来制造指示方向的工具——指南针。

世界上最早的指南针，要算我国战国时期制造的"司南"了。它是把天然磁铁琢磨成勺子的形状，勺柄是S极。使重心落在圆而光滑的勺头正中，然后把勺子放在一个光滑的盘子上。使用的时候，把勺头放平，用手拨动它的柄，使它转动。等司南停下来，它的长柄就指向南方。那时候，有的人到山里去采玉，怕迷失方向，就带上司南来辨别方向。

发明司南以后，人们不断地研究和改进指南的工具。到了北宋初年，又制造出了指南鱼。它是用一块薄薄的钢片做成的，形状很像一条鱼。鱼的肚皮部凹下去一些，像小船一样，可以浮在水面上。把它磁化以后，放到盛水的瓷碗里，就能指示方向了。因为水的摩擦力比固体小，指南鱼转起来比较灵活，所以它比司南更灵活更准确了。

司　南

当时还有用木头做的指南鱼，就是用一块木头刻成鱼的样子，像手指那么大。从鱼嘴往里挖一个洞，里面放上条形磁铁，使它的S极朝鱼头，用蜡封住口。另外用一根针插到鱼嘴里，指南鱼就做好了。把它放到水面上，鱼嘴里的小针就指着南方。

我国不但是世界上最早发明指南针的国家，而且是最早把指南针用在航海事业上的国家。据记载，南宋的时候，航海的人已经用"罗盘"来指示航向了。这是把指南针和罗盘结合起来的指南工具。罗盘的盘有用木头做的，也有用铜做的，盘的周围刻上东南西北等方位，盘中央放一个指南针。只要把指南针所指的方向，和盘上的正南方位对准，就可以很方便地辨别航行方向了。

在军事上也用到指南针，行军作战的时候，如果遇到阴天黑夜，就用指南针来辨别方向。

磁针静止以后，为什么总是指向南北呢？

因为地球是个大磁体，它的两个磁极分别接近于地球的两极，在地磁力的作用下，磁针就被吸到南北方向上了。我们知道，异名磁极是互吸的，地磁的S极在北端，N极在南端，因此，磁针的N极总是指向北方，S极总是指向南方。

磁针的磁极和地球的磁极并没有接触，它们却能互相吸引，这表明磁体的周围存在一种看不见的东西，人们把它叫做"磁场"。地球磁场的存在是磁针能够指示南北的原因。

两根外形完全一样的钢棒，一根有磁性，一根没有磁性。不许借助其他任何工具，而且只准试一次，你能马上判别出哪根有磁性，哪根没磁性吗？

有人可能会说，拿一根钢棒去接触另一根钢棒，就可以判别了。这个说法不确切。大家一定要注意，接触时不能乱接触，否则两根钢棒都被磁化了，那就没法分清了。

正确的方法是用一根钢棒的一端去接触另一根的中间，如果相吸，手里拿的一根就是有磁性的钢棒，如果不吸，手里拿的一根就是没有磁性的钢棒。为什么呢？因为磁棒的两端是磁性最强的地方，越靠向中间磁性越弱，到了中心位置就没有磁性了。为了形象地看到磁场分布的情况，我们用条形永久磁铁做个实验：

在玻璃板上均匀地撒一层细铁屑，把条形磁铁放在玻璃板下面，细铁屑在磁场里被磁化成"小磁针"。轻轻敲击玻璃，"小磁针"（铁屑）就能在磁场作用下转动，当它们停止下来的时候，无数的细铁屑就排成许多条滑顺的曲线，这就是磁场的分布情况。

如果把一个小磁针放在玻璃上，不断地移动它的位置。我们可以看到，在磁场中的某一点，磁针的N极总是指向一定的方向，也就是说磁场对磁针N的作用力有确定的方向，我们把这个方向叫做这一点的磁方向。同时可以看出，在磁场中的不同点，小磁针N极所指的方向不同，这说明不同点的磁场方向不同。

但是，只要你细心观察，就会发现磁针N极所指的方向，跟磁针所在点的滑顺曲线的切线方向一致。为了形象而又方便地表示出各点的磁场方向，人们仿照细铁屑的排列规律，在磁场中画一些有方向的曲线，曲线上的任何一点的切线方向（即曲线方向），都跟放在这一点的磁针N极所指的方向一致。这样的曲线叫磁力线。

由此可知，磁铁周围的磁力线都是从磁铁N极出来，回到磁铁的S极。

知道了磁场中磁力线的分布情况，就可以知道磁极在磁场中各点所受磁力的方向了。

知识点

磁 化

一些物体在磁体或电流的作用下会获得磁性，这种现象叫做磁化。

磁性材料里面分成很多微小的区域，每一个微小区域就叫一个磁畴，每一个磁畴都有自己的磁距（即一个微小的磁场）。一般情况下，各个磁畴的磁距方向不同，磁场互相抵消，所以整个材料对外就不显磁性。当各个磁畴的方向趋于一致时，整块材料对外就显示出磁性。所谓的磁化就是要让磁性材料中磁畴的磁距方向变得一致。当对外不显磁性的材料被放进另一个强磁场中时，就会被磁化，但是，不是所有材料都可以磁化的，只有少数金属及金属化合物可以被磁化。

延伸阅读

简易指南针的制作

指南针有好多种样式，下面我们一起来制作几个简易的指南针。先做一个吊式指南针：

取一根缝衣针，用磁铁把它磁化，然后用棉线拴在针的中间部位，挂在一个支架上，就成为一个指南针了。

再做一个浮式指南针：

拿一根磁化了的钢针，横向穿过一块小软木塞，放在一个盛水的陶瓷碗内，就是一个浮式指南针。

我们还可以做一个更讲究的匣式指南针：

找一个小圆纸盒或者塑料盒（不能用铁盒）。用硬纸剪一个和小盒一样大小的圆片，上面贴一张白纸，标出S、N等字样，把一个塑料图钉从背面摁在圆纸片上，把圆纸片放入盒内，盒中心就有一个直立向上的针柱了。再找一个废刮胡子刀片，剪成狭长的菱形，用钉子在中心位置打一个小坑，放在针尖上试一试，如果不能平衡，就用剪刀修理，直到能平衡为止。把它放在强磁铁上磁化，然后架到盒内的针柱上。在盒口蒙上一层透明玻璃纸（用玻璃更好），把原来的盒盖开一个大孔再盖上去就是一个盒式指南针了。

电磁感应的应用

丹麦物理学家奥斯特1820年发现了电流产生磁场的现象，把磁和电这两个东西从本质上联系起来了。这一发现给了人们很大的启发，他们在思考一个新问题：既然通电的导体能够产生磁场，那么能不能利用磁场来获得电流呢？

不少的科学家对这个问题进行了大量的实验探索，首先获得成功的是英国的物理学家法拉第。他经过整整10年的不懈努力，终于在1831年发现了磁引起电的现象。

为了进一步说明电磁感应的原理，下面我们用耳机做一个发电的实验。

找一副双听筒耳机，把原来的听筒线拆下来，再用有绝缘皮的双股长导线把两只听筒连起来。做实验的两个人各拿一只听筒，分别在两间房子里，要求不能直接听到对方说话的声音。当其中一个人对着耳机说话的时候，另一个人则可以从自己拿的耳机里听到对方说话的声音，就像打电话一样。

这是为什么呢？原来互相连接的两个耳机听筒就是一个简单小型的发电机或电动机。当实验的人对着耳机说话的时候，声波使耳机的薄铁片前后振动，铁片和永久磁铁磁极之间的空隙就忽大忽小，这就引起了磁场强度的变化。也就是说磁力线随着说话的声波变化着。磁力线的变化，就相当于耳机中的两个线圈做切割磁力线的运动，因此就在线圈里感应出电流来，它也是按照说话的声波而变化的。

这就是典型的动磁生电现象，耳机起到一个小型发电机的作用。这个随声波变化的电流，传到另一个耳机的时候，它的线圈就产生了忽强忽弱的磁场，吸动耳机的铁片，于是就发出了原来说话的声音。这又是一个电动生磁的例子，这时耳机又是一个电动机了。

其他像电磁式拾音器（电唱头）、收音机的喇叭，都是动磁生电和电动生磁的装置。

为了获得实用的持续电流，人们应用电磁感应的原理，制造了发电机。法拉第的圆盘手摇发电机，算是最早的发电机了。现在我们一起来做个圆盘发电机的模拟实验。

找一张直径约20厘米的圆形铝片，在中心钻一个小孔，穿上一个带有摇把的金属轴，把铝片牢牢地固定在轴的中间位置，然后再把轴用两个铁环固定在木架上。取一块蹄形磁铁立在铝盘下边，让它的两极在铝盘的两侧（如果一块不够，可以把几块蹄形磁铁并在一起，同名极要在同一边）。再取一只小电灯泡，引出两根导线，把它的一根引线连在金属轴承上（铁环上），另一根引线用绝缘胶布粘在蹄形磁铁的一臂上，使引线的裸线头轻轻接触在铝盘的边缘上。

当急速摇转铝盘的时候，小电灯泡就会发光，表明有了感生电流了。

如果灯泡不亮，说明电流小，你可以换电流计来做实验，根据指针偏转的情况，还能观察到铝盘顺时针转或逆时针转、快转或慢转的时候，感生电流变化的情况。这种发电机，只要铝盘的转速快而且均匀，就能产生一种大小和方向都不变的持续电流，我们把它叫做直流电。不过这种发电机发出的电流很小，不实用。实际的直流发电机，结构要精密得多，功率也大得多。

还有一种能够产生持续电流的发电机，它的基本结构是这样的：使一个矩形金属线框绕着垂直于磁力线的轴匀速转动，就能感生出电流来。根据右手定则可以判断出，线框转动一周，感应电流的方向要改变一次。

同时，由于转动的过程中在不同的位置线框切割磁力线的多少不同，感生电流的大小也不同。所以这种发电机发出的电流，大小和方向都在不断地做周期性变化，我们把这种电流叫做交流电。当然实际的交流发电机并不这么简单，它的结构很复杂，能够根据需要发出强大的电流。

在工农业生产和日常生活中，应用最广泛的是交流电。经过整流以后，交流电就成了直流电。因此，现在发电厂采用的都是交流发电机。

知识点

电流计

电流计是根据可动线圈的偏转量来测量微弱电流或电流函数的仪器。

最普通的电流计包括一个小线圈，悬挂在永磁铁两极之间的金属带上。电流通过线圈产生磁场，与永磁铁的磁场相互作用而产生转矩或扭力。线圈上连着一根指针或一面反射镜。线圈在转矩作用下旋转，旋转一定角度后与支撑部分的扭力相平衡。此角度即可用来度量线圈内通过的电流。角度用指针的转动或镜面反射光线的偏转来测定。

延伸阅读

奥斯特

奥斯特，丹麦物理学家、化学家。1777年8月14日生于丹麦的兰格朗岛鲁德乔宾一个药剂师家庭。17岁以优异的成绩考取了哥本哈根大学的免费生，1799年获得博士学位。1806年被聘为哥本哈根大学物理、化学教授，研究电流和声等课题。1820年因电流磁效应这一杰出发现获英国皇家学会科普利奖章。1824年倡仪成立丹麦自然科学促进会，1829年出任哥本哈根理工学院院长，直到1851年3月9日在哥本哈根逝世。终年74岁。

奥斯特早在读大学时就深受康德哲学思想的影响，认为各种自然力都来自同一根源，可以相互转化。他一直坚信电和磁之间一定有某种关系，电一定可以转化为磁。当务之急是怎样找到实现这种转化的条件。奥斯特仔细地审查了库仑的论断，发现库仑研究的对象全是静电和静磁，确实不可能转化。他猜测，非静电、非静磁可能是转化的条件，应该把注意力集中到电流和磁体有没有相互作用的课题上去。他决心用实验来进行探索。

1819年上半年到1820年下半年，奥斯特一面担任电、磁学讲座的主讲，一面继续研究电、磁关系。1820年4月，在一次讲演快结束的时候，奥斯特抱着试试看的心情又做了一次实验。他把一条非常细的铂导线放在一根用玻璃罩罩着的小磁针上方，接通电源的瞬间，发现磁针跳动了一下。这一跳，使有心的奥斯特喜出望外，竟激动得在讲台上摔了一跤。但是因为偏转角度很小，而且不很规则，这一跳并没有引起听众注意。以后，奥斯特花了3个月，做了许多次实验，发现磁针在电流周围都会偏转。在导线的上方和导线的下方，磁针偏转方向相反。

1820年7月21日，奥斯特写成《论磁针的电流撞击实验》的论文，这篇仅用了4页纸的论文，是一篇极其简洁的实验报告。奥斯特正式向学术界宣告发现了电流磁效应。

奥斯特发现的电流磁效应，是科学史上的重大发现，它立即引起了那些懂得它的重要性和价值的人们的注意。在这一重大发现之后，一系列的新发现接连出现。两个月后安培发现了电流间的相互作用，阿拉果制成了第一个电磁铁，施魏格发明了电流计等。安培曾写道："奥斯特先生……已经永远把他的名字和一个新纪元联系在一起了。"奥斯特的发现揭开了物理学史上的一个新纪元。

揭开变压器的面纱

我们知道，变压器能够把交流电的电压升高或者降低，而整流器却能把交流电变成直流电。它们真是神通广大，好像魔术师一样。你一定想知道其中的奥秘吧！下面我们就来一步一步地揭开它们神秘的面纱。

日常生活中用的电炉，都有一盘卷曲的炉丝，通电以后利用炉丝发出的热来加热东西。有没有不用炉丝的电炉呢？有。

用0.31毫米直径的漆包线，绕制一个内径5厘米的线圈，共绕2 000匝。把粗铁丝（如8号铁丝）截成和线圈架一样高的小段，给每小段铁丝的四周涂上清漆，插入线圈架的孔里，填满塞紧为止。

把线圈竖立起来，再找一个小铝盒，盛上冷水放在线圈上，然后把线圈接到220伏的交流电源上。过一会小铝盒里的水就沸腾起来了。有趣的是，当你仔细观察线圈和铁芯的时候也并没有发现有烧红发热的地方。即使在铝盒和铁芯之间垫上一块干布，也不会被烧焦。那么，水是被什么烧开的呢？

你先别着急，我们再做个实验：给一只玻璃杯盛上水，用它来代替铝盒。接通电源以后，等了好长时间，杯里的水也不开，用手摸一下，连温的感觉也没有。这又是为什么呢？

原来我们做的是一个感应式电炉实验，它本身不是发热体，但是有一个要求：被加热物体中至少有一件是金属良导体（如我们实验里的铝盒）。给线圈通入交流电的时候，就产生了交变的磁场，铝盒处在交变磁场中，因此它里面就感应出电流（涡电流）。就是这种涡电流发出的热把水烧开了。

其实，这种感应式电炉，就是一个变形的降压变压器，线圈就相当于初级线圈；铝盒就相当于次级线圈。给线圈里通入一定的交流电流后，在铝盒里就感应出较大的电流，有利于加热物体。如果增大输入的电能，就能升高加热温度，缩短加热时间，提高工作效率。

变压器

这种感应式电炉有它的特殊用处，一些难熔的金属，性质比较活泼的金属材料，就是用感应式电炉来冶炼的。提纯半导体材料也用这种电炉来加热。

在生产和生活中使用的变压器多种多样，按用途可分为升压和降压两大类，按照结构特点又分为壳式、芯式和渐开线式等。用处不同的变压器，容量大小和体积大小也各不一样。

变压器中的铁芯是用来增大线圈的磁通量，提高变压器的性能的。可是，我们通常见到的变压器的铁芯都是由硅钢薄片压制而成，这是为什么呢？

原来在线圈通以交流电之后，由于电流随时间不断变化，其产生的磁场也要不断变化，这样就会在线圈内的金属中感应出电流，这种电流称作涡流。由于金属的电阻率很小，金属内部往往激发出强大的涡流。

涡流与普通电流一样，也要放出焦耳热。工业上利用涡流的热效应制成高频感应炉来冶炼金属。这种冶炼方法有一个很大优点，由于冶炼时所需的热量直接来自被冶炼金属本身，因此可达到极高的温度，并且有速度快、效率高和温度易控制等特点。

但涡流也有其不利的一面。一方面由于它的热效应，使变压器和电机中的

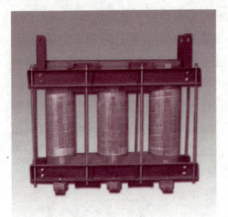

变压器铁芯

铁芯温度升高，导致线圈材料寿命的缩短。另一方面，由于涡流发热要损耗额外的能量，使变压器和电机的效率降低。因此，为了降低涡流效应，变压器和电机铁芯都不用整块钢铁，而用很薄的硅钢片叠压而成。

硅钢是掺有少量硅的钢，其电阻率比普通钢的要大，因此，涡电流就会变小；从而减小涡流热效应。把硅钢制成薄片则是为了借用片间的绝缘漆切断涡流的道路以进一步减小涡流的热效应。计算表明，涡流产生的热量与片的厚度平方成正比，因此，硅钢片做得越薄越好。

知识点

变压器分类

一般常用变压器的分类可归纳如下：

按相数分：（1）单相变压器：用于单相负荷和三相变压器组。（2）三相变压器：用于三相系统的升、降电压。

按冷却方式分：（1）干式变压器：依靠空气对流进行冷却，一般用于局部照明、电子线路等小容量变压器。（2）油浸式变压器：依靠油作冷却介质，如油浸自冷、油浸风冷、油浸水冷、强迫油循环等。

按用途分：（1）电力变压器：用于输配电系统的升、降电压。（2）仪用变压器：如电压互感器、电流互感器，用于测量仪表和继电保护装置。（3）试验变压器：能产生高压，对电气设备进行高压试验。（4）特种变压器：如电炉变压器、整流变压器、调整变压器等。

按绕组形式分：（1）双绕组变压器：用于连接电力系统中的两个电压等级。（2）三绕组变压器：一般用于电力系统区域变电站中，连接3个电压等级。(3) 自耦变电器：用于连接不同电压的电力系统。也可作为普通的升压或降后变压器用。

按铁芯形式分：(1) 芯式变压器：用于高压的电力变压器。(2) 非晶合金变压器：非晶合金铁芯变压器是用新型导磁材料，空载电流下降约80%，是目前节能效果较理想的配电变压器，特别适用于农村电网和发展中地区等负载率较低的地方。(3) 壳式变压器：用于大电流的特殊变压器，如电炉变压器、电焊变压器；或用于电子仪器及电视、收音机等的电源变压器。

延伸阅读

小型实用变压器的制作

需要的材料：直径0.2毫米的漆包线300米左右，直径0.5毫米的漆包线20米左右，直径2毫米、长17厘米的铁丝数十根，还有硬纸板和蜡纸等。

具体的做法：把铁丝放在炭火中，加热到发红色的时候，封死火，让铁丝和炭火一道冷却。经过这样处理，铁丝的表面生成了一层氧化物，是很好的绝缘层。

下一步是绕制线圈。

用硬纸板作两个线圈架，并在线圈架的中心孔内穿上两条铁皮，把铁皮的两端折成直角，用来固定线圈架两头的挡板。在线圈架上包一层胶布，用直径0.2毫米的漆包线，从架框的一端到另一端并排密绕一层，然后包上一层蜡纸再绕第二层。绕线的时候，要记清匝数，绕够2 320匝为止。在最外面包上蜡纸，初级线圈就算绕成了。

次级线圈的绕法也是这样，共绕130匝。由于次级线圈的电压低电流大，所以要用比较粗的线绕制，我们用的是0.5毫米直径的漆包线。还要提醒的是，绕次级线圈的时候，要在第30匝、第70匝处各抽出一个头（即根据需要的长度，把绕线双折起来，向一方向扭几转；伸出线圈外面作引线。注意不要把漆包线折断）。最后再把绕成的线圈放在融化的蜡液中浸一会儿，这样能增加它的绝缘程度和防潮能力。

最后一步就是插铁芯。把槽形铁丝一顺一倒地同时插入两个线架的中心孔，并把长的一端折回，直到插满塞紧为止。然后用布带把铁芯扎紧，防止通电时发出响声。

现在一个小型的变压器就算制好了。使用前还要进行调试。把初级线圈接到220伏电源上，如果变压器发出轻微的嗡嗡声，这是正常现象；要是声音太大，就需要把铁芯再紧一下。当通电2小时后，铁芯的温度并不太高（不烫手），这样的变压器是符合要求的，如果铁芯温度过高，就要再插入一些铁芯，或者适当增加初级线圈的匝数。当然也要相应增加次级线圈的匝数。

这是一个小容量的降压变压器，把它接到220伏的交流电源上，我们可以得到2.5伏、6伏的低压交流电。